# 河北省干线公路养护项目
# 工程可行性研究报告编制技术指南

河北锐驰交通工程咨询有限公司　主编

人民交通出版社

## 内 容 提 要

本书主要内容包括：干线公路养护项目工程可行性研究报告编制技术要点、文本格式、内容要求及实用案例，附件内容摘录了干线公路养护的部分相关文件。

本书可作为交通行业培训资料，也可供交通行业从业人员参考。

**图书在版编目(CIP)数据**

河北省干线公路养护项目工程可行性研究报告编制技术指南/河北锐驰交通工程咨询有限公司主编. --北京：人民交通出版社，2014.2

ISBN 978-7-114-11235-5

Ⅰ.①河… Ⅱ.①河… Ⅲ.①干线公路—公路养护研究报告—编制—河北省—指南 Ⅳ.①U418-62

中国版本图书馆 CIP 数据核字(2014)第 039261 号

Hebei Sheng Ganxian Gonglu Yanghu Xiangmu Gongcheng Kexingxing Yanjiu Baogao Bianzhi Jishu Zhinan

**书　　名**：河北省干线公路养护项目工程可行性研究报告编制技术指南
**著 作 者**：河北锐驰交通工程咨询有限公司
**责任编辑**：袁　方　王绍科
**出版发行**：人民交通出版社
**地　　址**：(100011)北京市朝阳区安定门外外馆斜街3号
**网　　址**：http://www.ccpress.com.cn
**销售电话**：(010)59757973
**总 经 销**：人民交通出版社发行部
**经　　销**：各地新华书店
**印　　刷**：北京鑫正大印刷有限公司
**开　　本**：880×1230　1/16
**印　　张**：5
**字　　数**：95千
**版　　次**：2014年2月　第1版
**印　　次**：2019年4月　第2次印刷
**书　　号**：ISBN 978-7-114-11235-5
**定　　价**：36.00元

# 前　言

截至2013年年底，河北省公路通车里程达17.4万km，其中高速公路通车里程5619km，普通干线公路1.7万km，农村公路15.1万km。近年来，河北省高速公路及普通干线公路的发展在注重建设质量的同时，越来越注重运营的安全和维护，特别是对干线公路的养护越来越重视。河北锐驰交通工程咨询有限公司作为公路养护技术咨询单位，为配合行业管理部门规范养护项目工程可行性研究报告的编制工作，提高养护项目决策的科学性和养护资金的配置效率，结合公司近几年编制公路养护项目工程可行性研究报告的经验，整理出适合本省的干线公路养护项目立项申请文本格式和范本。这是我公司在完成项目的过程中逐步积累和完善的一部分技术成果，更是我省交通行业从事养护管理的诸多业内同行的集体智慧的结晶。在此我们编制完成公路养护项目工程可行性研究报告的编制技术指南（简称“指南”），供业内参考使用。

本“指南”主要适用于高速公路和普通干线公路占地界范围内的大、中修及改建工程，其中部分维修类项目可参照文中的要求进行节选使用。

本“指南”主要内容为干线公路养护项目工程可行性研究报告编制技术要点、文本格式、内容要求及实用案例；本“指南”附件内容摘录了干线公路养护的部分相关文件。

本“指南”由王子鹏、金凤温、刘 爽主持编写，金凤温统稿，王子鹏主审。

主要起草人：金凤温、刘爽、王子鹏、赵建红、刘丽、吕栋、高金虎、刘寸平、王国昀、潘秀、卢建成、李明哲、高进帅、孙倩、王喜刚、张艳梅、王洪涛、李春杰、霍文棠、陈和悦。

在本“指南”的编写过程中，赵宝平、戴忠华、杜群乐、张少飞、王向会、田文等正高工精心指导，他们对中间稿进行了审阅，并提出了诸多修改意见和建议，为提升本书的质量和水平给予了极大的帮助；特别是河北省交通规划设计院的焦永顺、吴瑞祥、何勇海、朱冀军等正高工，河北省高速公路管理局的康雄伟、齐彦锁、张宏君等正高工，河北省交通运输厅公路管理局的郑利卫、臧彦勤、李爱军等正高工诸专家给予了大力的支持，为本书的顺利出版提供了极大的助力，在此一并致谢！

因时间仓促，疏漏及偏颇之处在所难免，恳请读者批评指正。

联系地址：河北省石家庄市平安南大街30号；邮政编码：050021；电话：0311-86089559；E-mail：Hebreach@vip.163.com。

编者

**2014年1月**

# 目　　录

# 第1章　河北省干线公路养护项目工程可行性研究报告编制技术要点

河北省公路行业主管部门针对干线公路养护规范管理、提高服务水平发布过诸多文件，如《河北省干线公路养护专项工程项目库建设的指导意见》(附录B)、《河北省高速公路养护管理办法》(附录C)、《河北省普通干线公路养护大中修工程管理办法》(附录D)；交通运输部于2010年4月发布了关于印发《公路建设项目可行性研究报告编制办法》的通知(附录A)。在近五年的摸索和实践中，经过多个养护项目可行性研究报告的编制和总结，我们系统归纳总结了干线公路养护项目工程可行性研究报告编制中的一些关键技术要点，以指导养护项目工程可行性报告的编制工作。

1.养护项目工程可行性研究，是对已建成干线公路除日常养护经费外的大中修专项工程的整体或局部养护改造维修的必要性、技术方案可行性、经济投资的合理性和实施可能性进行综合性研究论证的工作，是养护项目前期工作的重要组成部分，是实施养护建设项目决策的主要依据。

2.养护项目工程可行性研究，应通过现场调查检测，对项目现状进行充分的调查研究，界定目前需维修改造范围，结合已建同类项目的实施方案，重点研究项目的建设必要性及可行性；并对项目的规模、标准、建设资金、绩效等进行必要的分析论证，提出推荐方案，明确建设规模，确定养护标准及实施方案，估算项目投资，编制研究报告。

3.养护项目工程可行性研究报告的主要内容，应包括项目影响区域经济社会和交通运输的发展现状、交通量现状分析及预测、养护改造方案、实施方案、投资估算、工程环境影响分析、绩效评价、社会评价等；特殊复杂的重大项目，还应进行经济评价及风险分析。

4.养护项目工程可行性研究报告，应在对可能的养护方案进行初步比选的基础上，筛选出合理可行的方案，进一步做好同等深度的经济技术、实施方案等比选。编制过程中，应充分重视养护项目的特点、施工期间的交通组织和交通干扰等区别于新建项目的因素。

5.养护项目工程可行性研究报告的编制，必须遵守国家的各项政策、法规并执行交通运输部颁布的相关标准、规范、规定等；研究工作必须科学、客观、公正。

6.养护项目工程可行性研究报告，应由具备相应工程咨询资质的机构编制；编制单位对报告的质量负责。

7. 多个编制单位共同承担项目时，应确定一个主体单位。主体单位应负责协调有关参加单位承担的工作，使参加单位设计界面清晰、工作相互衔接、内容要求统一。主体单位应对研究报告全面负责。

8. 养护项目工程可行性研究报告编制完成后，经编制单位的项目负责人、技术负责人和单位主管签字后报送主管部门或发包人。

# 第 2 章　河北省干线公路养护项目工程可行性研究报告文本格式及内容要求

工程可行性研究报告的编制应严格按照格式要求完成，目前针对养护项目的工程可行性研究报告还没有国家统一的格式。为规范报告样式，建议报告的组成及格式如下：

1. 报告的组成

养护项目工程可行性研究报告由主报告及附件两部分组成。

幅面尺寸：主报告采用 297mm × 210mm（A4）；附件图册采用 420mm × 297mm（A3）。工程可行性研究报告封面颜色采用墨绿色。

2. 报告的文本格式

章标题字体：小二黑体。

节标题字体：三号黑体。

条标题字体：小三黑体。

正文字体：采用小四宋体；行间距采用 1.5 倍行距。

页码：五号宋体。

数字和字母：Times New Roman。

现将我们参考新建项目工程可行性研究报告格式及有关规定，结合近几年的养护工程编制的可行性研究报告，经总结归纳编制的“河北省干线公路养护项目工程可行性研究报告格式”，以范本加注释（必要的说明）的形式，编录成一个较完整的“报告通用范本”，以方便使用。

封面格式

×××(高速)公路×××项目

# 工程可行性研究报告

(编制单位)
年　　月

## 扉页格式(1)

# (项目名称)工程可行性研究报告

**编　制　单　位:**(盖章)

**咨询证书等级:**

**发　证　机　关:**

**证　　书　　号:**

(证书复印件附此页后)

**参　加　单　位:**(盖章)

**咨询证书等级:**

**发　证　机　关:**

**证　　书　　号:**

(证书复印件附此页后)

**扉页格式(2)**

编 制 单 位:

单 位 主 管:(签章)

总 工 程 师:(签章)

项目负责人:(签章)

参 加 人 员:

参 加 单 位:

单 位 主 管:(签章)

主　办　人:(签章)

参 加 人 员:

## 地 理 位 置 图

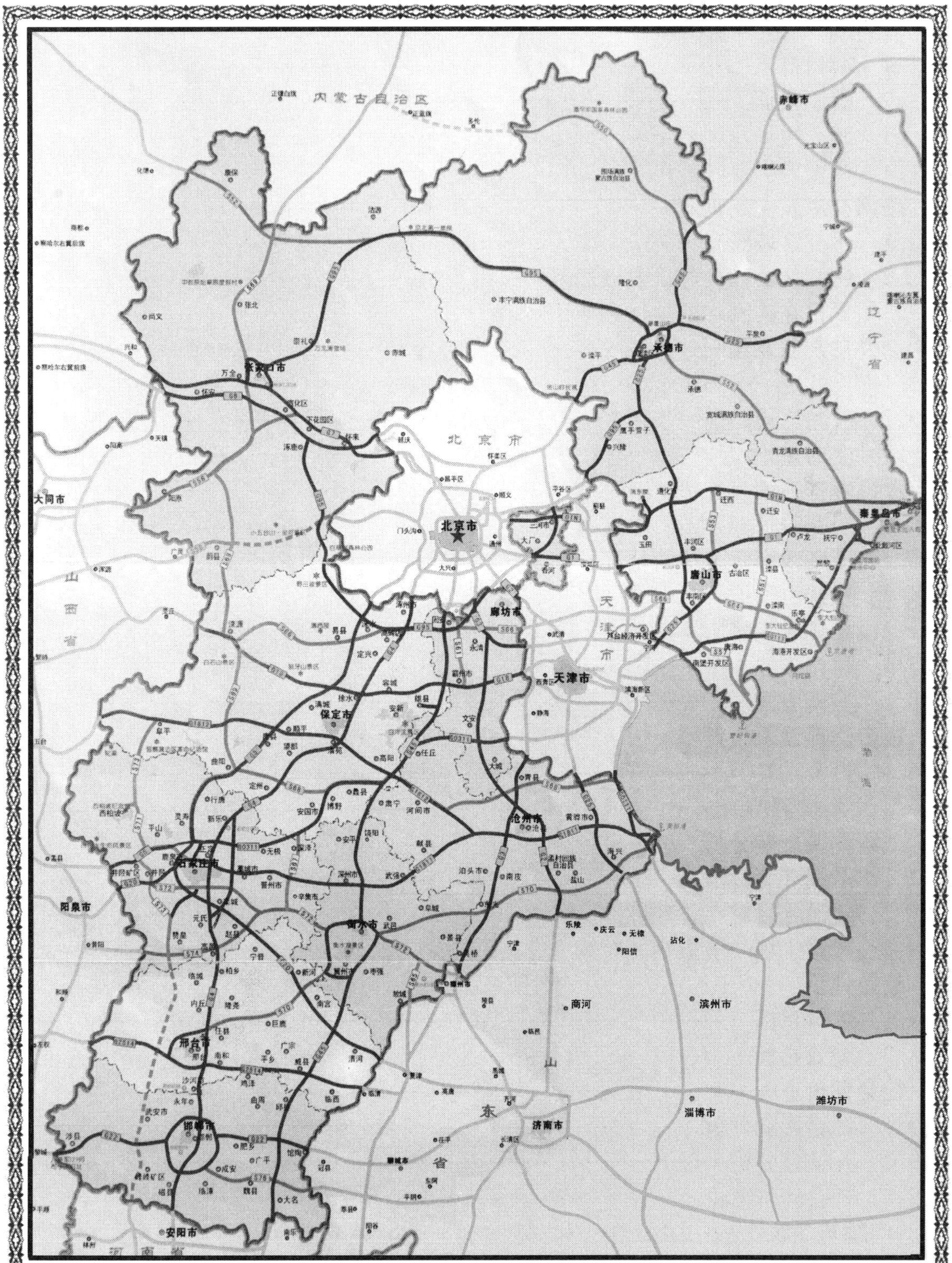


注:应示出项目在省级以上交通网络图中的位置、段落信息等。

# 目　　录

# 1　概述

## 1.1　项目概况

简要说明项目单位基本情况（单位名称、地址及邮编、联系电话）；可行性研究报告编制单位的基本情况（单位名称、地址及邮编、联系电话）。

简要说明本路段公路概况、建设年限、建设标准、运营概况、项目的主要服务对象、在国（或省）主干线路网中的重要作用及对直接、间接影响区域国民经济发展的作用。

根据养护工程的类别，分别从路基、路面、桥涵、隧道、交通安全设施、房建、机电、绿化与环境保护等方面概述存在的问题；论述时可以按照项目轻重缓急加以区分或重点突出实施项目存在的主要病害及问题。确定项目实施方案所遵循的主要原则应符合远期规划需求，适应近期发展需要，重视集约和节约资源，实现可持续发展。

## 1.2　编制依据

报告编制的主要依据为现行的相关标准、规范、规程；养护专项工程相关文件；施工图设计文件、竣工图、后评估报告及管理、养护资料等；调查收集的相关区域社会经济、交通运输及自然条件等资料。

（1）国家现行工程标准、规范、规程、要求等

①《公路工程技术标准》（JTG B01—2003）；

②《公路工程抗震设计规范》（JTJ 004—89）；

③《公路桥梁抗震设计细则》（JTG/T B02-01—2008）；

④《公路环境保护设计规范》（JTG B04—2010）；

⑤《公路勘测规范》（JTG C10—2007）；

⑥《公路路线设计规范》（JTG D20—2006）；

⑦《公路路基设计规范》（JTG D30—2004）；

⑧《公路排水设计规范》（JTG/T D33—2012）；

⑨《公路水泥混凝土路面设计规范》（JTG D40—2011）；

⑩《公路沥青路面设计规范》（JTG D50—2006）；

⑪《公路桥涵设计通用规范》（JTG D60—2004）；

⑫《公路圬工桥涵设计规范》（JTG D61—2005）；

⑬《公路钢筋混凝土及预应力混凝土桥涵设计规范》（JTG D62—2004）；

⑭《公路桥涵地基与基础设计规范》（JTG D63—2007）；

⑮《公路隧道设计规范》（JTG D70—2004）；

⑯《公路隧道设计细则》(JTG D70—2010);
⑰《高速公路交通工程及沿线设施设计通用规范》(JTG D80—2006);
⑱《公路交通安全设施设计规范》(JTG D81—2006);
⑲《公路交通标志和标线设置规范》(JTG D-82—2009);
⑳《公路隧道交通工程设计规范》(JTG/T D71—2004);
㉑《公路交通安全设施设计细则》(JTG/T D81—2006);
㉒《道路交通反光膜》(GB/T 18833—2012);
㉓《公路路基施工技术规范》(JTG F10—2006);
㉔《公路水泥混凝土路面施工技术规范》(JTG F30—2003);
㉕《公路沥青路面施工技术规范》(JTG F40—2004);
㉖《公路桥涵施工技术规范》(JTG/T F50—2011);
㉗《公路隧道施工技术规范》(JTG F60—2009);
㉘《高速公路护栏安全性能评价标准》(JTG/T F83-01—2004);
㉙《公路交通安全设施施工技术规范》(JTG F71—2006);
㉚《公路养护技术规范》(JTG H10—2009);
㉛《公路水泥路面养护技术规范》(JTJ 073.1—2001);
㉜《公路沥青混凝土路面养护技术规范》(JTJ 073.2—2001);
㉝《公路桥涵养护规范》(JTG H11—2004);
㉞《公路隧道养护技术规范》(JTG H12—2003);
㉟《公路技术状况评定标准》(JTG H20—2007);
㊱《公路桥梁技术状况评定标准》(JTG/T H21—2011);
㊲《公路养护安全作业规程》(JTG H30—2004);
㊳《公路桥梁加固设计规范》(JTG/T J22—2008);
㊴《公路桥梁加固施工技术规范》(JTG/T J23—2008);
㊵《高速公路监控技术要求》(2012 年第 3 号公告);
㊶《高速公路通信技术要求》(2012 年第 4 号公告);
㊷《钢结构设计规范》(GB 50017—2003);
㊸《砌体结构设计规范》(GB 50003—2010);
㊹《混凝土结构设计规范》(GB 50010—2010);
㊺《屋面工程技术规范》(GB 50345—2012);
㊻《地下工程防水技术规范》(GB 50108—2008);
㊼《建筑设计防火规范》(GB 50016—2006);
㊽《建筑给水排水设计规范》(GB 50015—2003);
㊾《采暖通风与空气调节设计规范》(GB 50019—2003);
㊿《民用建筑电气设计规范》(JGJ 16—2008);

㉛《民用建筑设计通则》(GB 50352—2005);

㉜其他相关行业发布的现行规范等。

(2)国家发展和改革委、原住建部 2006 年颁布的《建设项目经济评价方法与参数》(第三版)

(3)估算编制依据

①中华人民共和国行业标准《公路工程基本建设项目投资估算编制办法》(JTG M20—2011);

②中华人民共和国行业标准《公路工程估算指标》(JTG/T M21—2011);

③中华人民共和国行业标准《公路工程概算定额》(JTG/T B06-01—2007);

④中华人民共和国行业标准《公路工程预算定额》(JTG/T B06-02—2007);

⑤中华人民共和国行业标准《公路工程机械台班费用定额》(JTG/T B06-03—2007);

⑥《河北省高速公路小修保养和中修工程预算定额》(2010 年版);

⑦《全国统一建筑工程基础定额——河北省消耗量定额》(2012 年版);

⑧《全国统一建筑装饰装修工程消耗量定额——河北省消耗量定额》(2012 年版);

⑨《全国统一安装工程预算定额——河北省消耗量定额》(2012 年版);

⑩《2005 年河北省建筑工程概算定额》;

⑪《2005 年河北省建筑安装工程概算定额》;

⑫《建筑工程概算费用定额》(2005 年版);

⑬《河北省建设项目概算定额其他费用定额》(2004 年版)。

(4)施工图设计文件、竣工图、后评估报告及管理、养护资料等

(5)调查收集的相关区域社会经济、交通运输及自然条件等资料

(6)行业管理部门文件

①河北省交通运输厅,关于印发《河北省高速公路养护管理办法》的通知(冀交公〔2012〕337 号);

②河北省交通运输厅公路管理局,关于印发《河北省普通干线公路养护大中修工程管理办法》的通知(冀交公路〔2010〕552 号);

③河北省交通厅公路管理局,关于印发《河北省干线公路养护专项工程项目库建设的指导意见》的通知(冀交公路函计字〔2008〕73 号)。

## 1.3　研究过程及内容

### 1.3.1　研究过程

阐述养护项目的研究及报告编制过程,对项目历史数据的收集,现状的检测、勘察、设计方案的比选、论证过程,方案沟通、预审等。

### 1.3.2 研究内容

以该项目现状为基础,结合历史交通量的情况、项目在路网中的地位和功能,研究论证项目方案、标准和规模等。其研究的主要内容为:

(1)必要性;

(2)路网交通及发展现状;

(3)交通量现状及预测;

(4)建设养护方案;

(5)实施方案;

(6)投资估算及资金筹措;

(7)工程环境影响分析;

(8)绩效评价;

(9)社会评价;

(10)存在的问题与建议。

**说明:本条主要适用于养护工程中的升级改造项目,部分维修类项目可参照使用。**

## 1.4 建设的必要性

养护工程要体现以人为本、以车为本,强化服务理念,提升养护水平。通过经常性、及时性、预防性养护延长公路使用寿命,保持设施完好,优化行车环境,实现"畅通、安全、温馨、舒适、美观"的养护目标。养护工程项目的建设必要性主要依据路用性能检测指标、存在的安全隐患、保证项目路段正常的服务水平、满足公路的正常运营及使用功能要求、保证交通便捷、促进地方经济发展,以及降低全寿命周期投资等几个方面进行论述。

# 2 路网交通及发展现状

## 2.1 研究区域概况

项目路段所在区域自然、历史、人文、中长期养护发展规划等概况。

## 2.2 研究区域社会经济发展概况

(1)社会发展概况

区域内自然、地理、人口、区位优势等情况。

(2)经济发展现状

物质资源、农业、工业、第三产业的结构,经济水平、经济布局等情况。

(3)社会经济发展趋势

预测思路中体现京津冀都市圈发展规划、区域发展规划、"十二五"发展规划及未来阶段性的发展规划、区域产业带布局等因素;根据影响区域社会经济历史的发展趋势和规律,分析得到未来的社会经济发展趋势。在此基础上结合项目所在区域的"国民经济发展规划",确定最终的预测结果。

## 2.3 项目在路网中的地位和作用

(1)本地区公路网现状

概述区域内综合交通运输现状。

(2)区域路网中的地位及作用

对项目路段的车型构成、交通量增长、对地区经济增长的贡献率等进行阐述。同时论述本项目路段在区域路网中的地位及作用,项目的实施提供的良好服务水平在区域经济中的影响等。

**说明:本章节主要适用于养护项目中的升级改造类项目,部分维修类项目可参照使用。**

# 3 交通量现状及预测

## 3.1 概述

简述项目路段交通量的现状、组成及预测的目的、预测方法、思路等。

## 3.2 公路交通的进一步调查与分析

### 3.2.1 历史交通量情况

调查统计项目路段历史交通量、分析现状服务水平。交通量收集应尽量包括与收费类型相对应的五种车型交通量,以及收费车辆来源表、车辆超载情况表等。

### 3.2.2 路网交通量

相关公路交通量及构成、交通量分布系数、交通流运行特性等。

### 3.2.3 车型分析

汇总分析各收费站分车型统计资料,并根据资料搜集,计算车型比例分配情况。

### 3.2.4 车载情况

汇总分析路段各收费站计重收费统计资料,分析车辆载重情况。

## 3.3 交通量预测

分析近几年直接影响本地区城市 GDP 与交通量关系并建立预测模型进行交通量预测,即以交通量作为研究对象,确定基年交通量与未来年的交通量增长率;采用相关分析法预测未来年交通量,分析交通量发展趋势,计算未来年的服务水平。交通量预测年限原则上不少于收费末年,但该条路线应将收费末年作为一特征年。

**说明:本章节主要适用于养护项目中的升级改造、病害治理加固类项目;部分维修改造类项目可参照使用。本章节应根据项目的实际情况确定使用路网交通量还是单点交通量。**

# 4　建设养护方案

参照《公路养护技术规范》(JTG H10—2009)附录 B 中公路养护工程作业内容表、《河北省高速公路养护管理办法》中高速公路养护工作内容分类参考表及《河北省交通厅关于全省高速公路日常养护费用测算标准的通知》(冀交公〔2010〕316 号)、《普通干线公路养护大中修工程和小修保养管理办法》等相关文件,区分和判别养护专项与日常养护包含内容的不同。

各养护工程建设养护方案内容,应从项目现状、建设必要性、方案比选、推荐方案等方面进行备选方案拟定论述。项目现状,应详细说明本项目目前存在的主要问题、病害情况、原因分析等。建设必要性,应说明本项目需要计划实施的必要性及理由;建设养护方案要明确改善的功能及完善的项目。方案比选,应综合考虑实施条件、工程规模、投资、环境影响及此方案在其他公路上的使用情况分析及效果等。在进行备选方案拟订论述的基础上,提出推荐方案。对占地界范围内的改扩建、增加或提高标准的项目应补充说明技术标准,并注意:

(1)如涉及水利、铁路等行业及地方的,应征求相关部门意见;

(2)项目方案对其他工程的影响等。

## 4.1　公路养护标准及工程现状

首先说明根据现行的公路技术标准及养护标准,干线公路应达到的技术标准及养护目标。

再详细介绍本项目现状及存在的主要问题,应附有相应的图表说明(如病害存在的位置或段落、病害照片等能描述病害的资料)。

## 4.2　历年大中修及检测情况

### 4.2.1　历年大中修情况(或同类项目批复及维修历史)

对同类型养护项目近几年的设计批复及计划执行情况;维护、维修项目达到的预期效果等情况;本项目的历年大中修情况。

### 4.2.2　项目检测情况

与项目相关的技术状况检测评定情况及结果分析说明。

**说明:本条可依据项目类别分别说明检测情况。**

## 4.3 备选方案拟订

### 4.3.1 路基工程

根据《公路技术状况评定标准》(JTG H20—2007)规定,路基的损坏主要分为路肩边沟不洁、路肩损坏、边坡坍塌、水毁冲沟、路基构造物损坏、路缘石缺损、路基沉降、排水系统淤塞等8类损坏。

参照《公路养护技术规范》(JTG H10—2009),综合考虑路基工程可列入养护专项的内容:

(1)全面修理、重建或增建挡土墙、护坡、护坡道、泄水槽及边沟铺砌等;

(2)清除较大塌方,路基大面积翻浆、沉陷处理;

(3)开挖边沟、截水沟或铺砌边沟;

(4)软土地基、路面积水处理;

(5)加固路肩;

(6)平交口改善;

(7)线形改善;

(8)路基加宽。

部分路基工程项目规范表,如表1所示。

部分路基工程项目规范表　　表1

| | | |
|---|---|---|
| 1 | 路肩加固 | (1)安装或更换路肩石 |
| 2 | 边坡防护整修 | (1)挡墙拆除重建或新建;<br>(2)边坡水毁修复;<br>(3)边坡维修加固 |
| 3 | 软土路基病害治理 | (1)路基大面积翻浆、沉陷处理 |
| 4 | 路基排水系统修复、改造 | (1)边沟、排水沟、截水沟、泄水槽开挖或铺砌 |
| 5 | 平交口改善 | (1)平交口改善 |
| 6 | 路基改建工程 | (1)公路线形改善;<br>(2)路基加宽 |
| 7 | 其他 | |

#### 4.3.2 路面工程

参照《公路沥青路面养护技术规范》(JTJ 073.1—2001)、《公路水泥混凝土路面养护技术规范》(JTJ 073.2—2001)、《公路养护技术规范》(JTG H10—2009)、河北省交通运输厅《河北省十二·五干线公路养护管理发展规划》、河北省高速公路管理局《"十二·五"养护管理发展规划》要求,结合河北省路面养护现状,综合考虑各方面因素,路面工程可列入养护专项的内容有:

(1)沥青路面整段罩面;

(2)处理路面严重病害;

(3)水泥混凝土路面接缝材料的整段更换;

(4)处理桥头跳车;

(5)安装、更换路缘石;

(6)沥青路面改造为水泥混凝土路面;

(7)水泥混凝土路面改造为沥青路面;

(8)路面结构层改善。

部分路面工程项目规范表,如表2所示。

部分路面工程项目规范表　　表2

| | | |
|---|---|---|
| 1 | 沥青混凝土路面 | (1)路面病害治理(挖补);<br>(2)路面预防性养护;<br>(3)路面补强(整段路面结构层改善);<br>(4)沥青路面改为水泥路面;<br>(5)桥头跳车处治;<br>(6)整段安装或更换路缘石 |
| 2 | 水泥混凝土路面 | (1)水泥路面整修 |
| 3 | 中央分隔带整修 | (1)中央分隔带病害处治 |
| 4 | 路面排水系统整修 | (1)改造、维修、新建排水处治 |
| 5 | 其他 | |

#### 4.3.3 桥涵工程

桥梁养护工作需做到早发现、早预防、早维修的"三早"原则。通过对桥涵的经常性检查和定期检测(专项检测),系统掌握桥梁技术状况,及时发现缺陷、损坏等异常性情况,提出养护措施,保证桥梁的使用寿命;同时确保桥梁的安全性,减少和预防不安全事故的发生。

根据《公路桥涵养护规范》(JTG H11—2004)规定,对公路技术状况评定报告中一般评定划定的各类桥梁,应分别采取不同的养护措施。公路桥涵养护工作应以结构安全为中心，以承重构件为重点，同时要有计划地开展全面的养护规划工作。参照《公路养护技术规范》(JTG H10—2009)，综合考虑各方面因素，桥涵工程可作为养护项目列入专项工程的内容有：

(1)更换伸缩缝及支座；

(2)桥面铺装病害处治；

(3)梁(板)维修加固；

(4)桥墩、桥台局部修理、防护、加固；

(5)桥梁河床铺底及调治构造物的修复、加固；

(6)排水设施更换；

(7)金属构件全面除锈、油漆；

(8)小桥、通道、涵洞的修理、加固与局部改建；

(9)桥涵的拆除重建、增建。

部分桥涵工程项目规范表，如表3所示。

**部分桥涵工程项目规范表** 表3

| | | |
|---|---|---|
| 1 | 上部结构及桥面系 | (1)桥面铺装病害治理；<br>(2)梁(板)体加固；<br>(3)伸缩缝、支座更换；<br>(4)其他 |
| 2 | 下部结构 | (1)桥墩、桥台加固；<br>(2)锥坡、翼墙(耳墙)维修加固；<br>(3)增设防撞体、防护等；<br>(4)其他 |
| 3 | 河床铺砌及调治构造物的修复 | (1)河床铺砌及调治构造物整修；<br>(2)小桥、涵洞整修 |
| 4 | 桥涵拆除重建、改建 | (1)桥涵拆除重建、改建 |
| 5 | 其他 | |

### 4.3.4 隧道工程

隧道养护应贯彻“预防为主、防治结合”的方针，加强预防性养护，保持公路隧道及其附属设施良好的技术状况。隧道病害处治应根据检查结果，针对病害产生原因，按照安全、经济、合理的原则确定养护方案。

参照《公路养护技术规范》(JTG H10—2009)，综合考虑各方面因素，隧道工程可作为养护项目列入专项工程的内容有：

(1)隧道的局部加固与防护;

(2)隧道的通风、照明、消防和排水设施的全面整修或更新;

(3)隧道的较大防护、加固工程;

(4)新建短隧道工程。

部分隧道工程项目规范表,如表 4 所示。

部分隧道工程项目规范表　　表 4

| | | |
|---|---|---|
| 1 | 隧道衬砌 | (1)衬砌裂损加固;<br>(2)衬砌背后空洞处治;<br>(3)其他 |
| 2 | 隧道水害 | (1)隧道水害治理 |
| 3 | 隧道路面 | (1)隧道路面病害治理 |
| 4 | 隧道防冻、保温 | (1)防冻、保温设施的修复或增设 |
| 5 | 隧道附属设施 | (1)通风、照明、消防设备大修或更新;<br>(2)监控设备的大修或升级改造;<br>(3)增加电力监控;<br>(4)其他 |
| 6 | 其他 | |

### 4.3.5　交通安全设施工程

根据《公路技术状况评定标准》(JTG H20—2007)规定,交通安全设施的损坏主要分为防撞护栏、隔离栅、轮廓标、标志、标线、防眩设施、防落网缺损及桥梁防护架(即限高门架)缺损等。

交通安全设施应遵循“保障安全、提供服务、利于管理”的原则,保持完整、齐全和良好的工作状态。参考《高速公路交通工程及沿线设施设计通用规范》(JTG D80—2006)表 5.1.2 中关于交通安全设施各类设备使用年限的要求,加强日常养护、及时维修和更换损坏部件,针对以下几种状况,综合考虑可申请列入养护专项的有:

(1)护栏有效防撞高度不足或防撞等级与规范要求相差较大的;

(2)隔离栅、防落物网大面积缺损或锈蚀严重,不能起到隔离防护作用;

(3)轮廓标缺损严重,不能起到有效引导驾驶员视线或反光效果远不能满足基本需要;

(4)标志反光膜视认效果不良;

(5)防眩板或防眩网破损及防眩效果不良;

(6)标线更新改造可结合路面改造工程一并实施;

(7)限高龙门架新建设计未考虑,可根据运营后现状路况和交通组成情况进行设置。

部分交通安全设施工程项目规范表,如表5所示。

**部分交通安全设施工程项目规范表** 表5

| | | |
|---|---|---|
| 1 | 交通标志 | (1)标志牌改造、反光膜更换(主线、收费广场);<br>(2)新增交通标志 |
| 2 | 护栏 | (1)波形梁钢护栏更新;<br>(2)水泥混凝土护栏更新;<br>(3)新增护栏;<br>(4)钢护栏、水泥混凝土护栏防腐处理 |
| 3 | 隔离栅 | (1)隔离栅更新改造、新增 |
| 4 | 防眩设施 | (1)防眩设施更新改造、新增 |
| 5 | 防落物网 | (1)防落物网更换、新增 |
| 6 | 增设限高门架或标志 | (1)增设限高门架或标志 |
| 7 | 其他 | |

#### 4.3.6 房建工程

房建工程项目应该以管理处、收费站、养护工区、监控中心、管理所和隧道管理所等日常使用过程中发现的问题和维修记录为依据,对比分析病害发展情况及交通量需求等因素;工程应符合相关交通行业标准、规范及规定,满足公路房建的具体要求。

房建工程项目应充分考虑不影响收费人员和办公人员的正常工作和生活的前提下进行修缮改造及改建,应配有必要的生产、生活、消防设施并对其进行定期检查、维护,以满足公路正常运营、养护生产和管理需要。房建工程主要包括收费设施、房建设施等工程,综合考虑对已达到设计或使用年限的材料设备、设施已损毁程度,及交通量发展需求的改建项目可列入养护专项工程。

部分房建工程项目规范表，如表6所示。

部分房建工程项目规范表　　表6

| | | |
|---|---|---|
| 1 | 收费设施 | (1)收费车道扩建；<br>(2)收费大棚维修、更换；<br>(3)收费岗亭更换、改造；<br>(4)收费站设施改造；<br>(5)收费广场地下通道改造治理；<br>(6)其他 |
| 2 | 房建设施 | (1)养护工区、收费站综合楼的改建；<br>(2)新建、改建材料设备库；<br>(3)建筑物屋面防水治理；<br>(4)供暖设施改造；<br>(5)污水处理系统升级改造；<br>(6)供排水等设施改造；<br>(7)消防系统升级改造；<br>(8)站区增设融雪剂融化池；<br>(9)电力增容改造；<br>(10)其他 |
| 3 | 其他 | |

#### 4.3.7　机电工程

为提高公路综合运营和管理的需要，实现综合监控指挥调度，提高为公众服务水平的需要，必须注重公路机电系统的养护工作。公路机电系统包括监控、收费、通信、供配电等系统；普通干线公路的机电系统包括监控、收费和供配电系统。其质量标准参照《公路工程质量评定标准(机电工程)》(JTG F80/2—2004)执行。

1)机电设备更新改造

(1)机电设备更换，例如工控机、可变信息标志、监视器、摄像机等更换。机电设备更换需要考虑是否与原有系统匹配，光、电缆系统是否满足新设备要求，软件是否升级，路中心设备是否需要升级。

(2)对于光缆更换改造应考虑管道路由是否畅通、对绿化等破坏的恢复工程。

2)既有机电系统升级改造

(1)系统升级改造。

(2)视频联网监控改造，为满足全省监控视频联网需要，而对现有监控系统的改造。

(3)监控分中心改造项目或监控分中心搬迁项目,为满足路段监控分中心的管理需要,对现有路段监控分中心进行的综合改造或搬迁。

(4)收费分中心改造项目或收费分中心搬迁项目,为满足路段收费分中心的管理需要,对现有路段收费分中心进行的综合改造或搬迁。

(5)可变信息标志升级改造项目,为满足公路现有路段信息发布的需要增加的可变信息标志。

(6)监控摄像机升级改造项目,为提高外场监控摄像机的图像清晰度或夜间监控的需要,采用带夜视功能的摄像机或高清摄像机、数字摄像机等。

(7)外场检测器升级改造项目,为提高外场交通数据的采集而增加的车辆检测器、环境检测器以及各类环境监测器的调整等。

(8)收费系统闭路电视改造项目,为满足收费监控而进行的闭路电视系统的改造,包括监视器数量增加、监视器显示方式调整、监视器设备调整、传输方式等。

(9)重点路段全程监控改造项目,全路段全程监控改造项目,为满足高速公路全程监控的需要,对全路段或重点路段现有监控系统进行改造或新增。此类主要包括增设摄像机、传输设备、编解码设备、可变信息标志、车辆检测设备、交通事件自动检测设备,以及相关的供电防雷接地系统。

(10)通信系统干线设备或接入网设备升级改造项目,指干线或接入网的设备升级改造,或某一站点的通信设备升级改造。

(11)供电系统改造项目,对公路沿线的供电方式、电压等级等进行综合改造。

(12)其他改造升级项目。

3)新增项目

原有公路机电系统包含的项目和系统比较单一,不能适应新的机电智能化管理需求,需要在现有机电系统新增项目。

(1)新增交通事件监测子系统。即为满足高速公路交通事件的自动检测报警而增加的事件监测子系统,此项目可单独申报或合并全程监控项目中。

(2)高速公路有线广播子系统。即为满足车辆堵塞情况的指挥调度而增加的路段广播子系统,此项目可单独申报或合并全程监控系统项目中。

(3)公众信息发布子系统。即为满足对公众的信息发布服务而增加的对公众发布子系统。

(4)电力监控子系统。即对公路机电设备的供电进行集中遥感、遥测、遥控等项目。

(5)车牌识别系统。即针对一片区高速联网收费系统的需要,而增加的收费车道车牌识别系统设备。

(6)其他的新增项目。

按照《公路养护技术规范》(JTG H20—2009)的要求,对机电项目进行检测、检查、维护维修。以日常使用过程中发现的问题和维修记录为依据,依据相关机电规范的要求,对其技术状况进行规范的评定。

部分机电工程项目规范表,如表7所示。

**部分机电工程项目规范表**　　表7

| | | |
|---|---|---|
| 1 | 收费系统 | (1)新增ETC车道系统;<br>(2)收费车道设备升级改造;<br>(3)收费站/路收费分中心计算机系统升级;<br>(4)收费站软件升级;<br>(5)闭路电视监视系统传输、显示设备升级改造;<br>(6)闭路电视监视系统集中监控改造;<br>(7)内部有线对讲系统及紧急报警系统传输设备升级改造;<br>(8)内部有线对讲系统及紧急报警系统IP等方式改造;<br>(9)电源及防雷接地系统升级改造;<br>(10)其他 |
| 2 | 通信系统 | (1)光纤数字传输系统升级改造;<br>(2)配合新增站增加通信站点;<br>(3)程控数字交换系统升级;<br>(4)光电缆更新;<br>(5)通信电源更新;<br>(6)其他 |
| 3 | 监控系统 | (1)闭路电视监视子系统设备升级改造;<br>(2)增加全程监控;<br>(3)监控中心改造或监控中心搬迁;<br>(4)闭路监视外场设备升级;<br>(5)信息采集子系统完善升级;<br>(6)微波车辆检测器完善升级;<br>(7)气象检测器完善升级;<br>(8)信息发布子系统完善升级;<br>(9)道路广播子系统完善升级;<br>(10)外场设备机箱、基础及防雷接地完善升级;<br>(11)数据传输子系统完善升级;<br>(12)软件子系统完善升级;<br>(13)监控配电、防雷接地系统完善升级;<br>(14)站区防盗系统;<br>(15)高速公路无线广播系统(FM96.6);<br>(16)其他 |
| 4 | 通信管道 | (1)管箱、托架改造;<br>(2)通信井防水改造 |

#### 4.3.8 绿化与环境保护工程

公路绿化工程应贯彻“因地制宜、因路制宜、适地适树”的原则合理选择、改善和提高公路环境质量。公路沿线绿化包括中央分隔带绿化、边坡绿化、边沟外绿化及互通区绿化等。合理选择绿化植物品种，提高公路绿化、美化效果，丰富公路绿化、文化景观。

根据《公路技术状况评定标准》(JTG H20—2007)，环境保护工程的损坏主要为降噪设施(即声屏障)及沿线绿化设施的缺损、新增。针对以下几种状况，需综合考虑可申请列入养护专项工程：

(1)降噪设施应以噪声检测报告为依据。

(2)沿线绿化遭受自然灾害，大面积死亡。

(3)开辟苗圃，大面积更新树种、花木、草皮，增设公路绿化景观和公路文化景观等。

(4)配合省级及途经市(县)的区域发展总体规划而进行的绿化升级改造工程。

部分绿化和环境保护工程项目规范表，如表8所示。

**部分绿化和环境保护工程项目规范表** 表8

| | | |
|---|---|---|
| 1 | 公路噪声治理 | (1)新增声屏障工程 |
| 2 | 公路绿化改造 | (1)开辟苗圃；<br>(2)绿化升级改造；<br>(3)大面积更新树种、花木、草皮；<br>(4)增设公路绿化及文化景观 |
| 3 | 其他 | |

#### 4.3.9 其他工程

其他工程主要指未包含以上各种类型项目中的其他工程项目。

# 5 建设条件及实施方案

## 5.1 建设条件

### 5.1.1 地形、地质、水文等条件

项目路段区域内地形、地质、河流、气象条件，以及对项目方案实施条件的影响。

### 5.1.2 筑路材料及运输条件

调查所需建材的料场分布情况、生产能力、材料品质及运输条件。

## 5.2 实施方案

### 5.2.1 交通组织方案

工程实施过程中的交通组织设计，对于严重影响交通运营的项目，应说明可行的保畅设计方案及对交通影响的对策，提出合理可行的交通组织或应急预案。

### 5.2.2 控制方案的主要因素

水文、气象、交通高峰等对工程实施的影响；对于部分重点项目或者影响公路运营的项目，说明控制其施工进度的原因、因素及解决方法。

### 5.2.3 施工进度安排

确定项目立项、审批、施工图设计等前期工作时间；充分考虑水文、气象、保畅、项目的迫切程度等因素，对工期进行合理安排。

# 6 投资估算及资金筹措

## 6.1 投资估算

### 6.1.1 编制依据

(1)中华人民共和国行业标准《公路工程基本建设项目投资估算编制办法》(JTG M20—2011)。

(2)中华人民共和国行业推荐性标准,《公路工程估算指标》(JTG/T M21—2011)。

(3)中华人民共和国行业推荐性标准,《公路工程概算定额》(JTG/T B06-01—2007)。

(4)中华人民共和国行业推荐性标准,《公路工程预算定额》(JTG/T B06-02—2007)。

(5)中华人民共和国行业推荐性标准,《公路工程机械台班费用定额》(JTG/T B06-03—2007)。

(6)《河北省高速公路小修保养和中修工程预算定额》(冀交定字〔2010〕31 号)。

(7)原则上按照交通运输部《公路工程基本建设项目投资估算编制办法》、《公路工程估算指标》等执行;鉴于当前没有专门的养护工程估算定额,部分定额可参照《公路工程概算定额》、《河北省高速公路小修保养和中修工程预算定额》执行。

(8)国家及省级主管部门颁布的有关概预算的政策性文件及规定。

### 6.1.2 各项费用取用标准

(1)人工费

根据河北省交通运输厅文件《关于公布我省公路工程人工费工日定额标准的通知》(冀交基〔2012〕104 号),估算指标及概预算定额中人工费的工日标准为 57 元/工日。

(2)材料费

采用当前河北省公路工程定额站发布的最新材料单价,运距计算时应充分考虑高速公路上施工车辆不能随意掉头需绕行互通而增加的运输距离。

(3)机械台班费

根据交通运输部交公路发《公路工程机械台班费用定额》(JTG/T B06-03—2007)及国发〔2008〕37 号“国务院关于实施成品油价格和税费改革的通知”等文件规定,施工车辆台班费用计算取消养路费。

(4)其他工程费、间接费

依据中华人民共和国行业标准《公路工程基本建设项目投资估算编制办法》(JTG M20—2011)中的有关标准计列。

(5)利润及税金

依据中华人民共和国行业标准《公路工程基本建设项目投资估算编制办法》(JTG M20—2011)及《河北省公路工程基本建设项目概预算编制补充规定》(冀交定〔2008〕66 号)文中的有关标准计列。

(6)设备、工具、器具及家具购置费

设备、工(器)具及家具购置费，根据需要，按实计列。

(7)工程建设其他费用

工程建设其他费用。依据中华人民共和国行业标准《公路工程基本建设项目投资估算编制办法》(JTG M20—2011)中的有关标准计列。

(8)预备费

价差预备费，根据《关于转发省计委关于加强对基本建设大中型项目概算中“价差预备费”管理有关问题的通知》(冀交办字〔1999〕123 号)精神，不计列。

基本预备费，根据估算编制办法的规定计列。

#### 6.1.3　主要工程量及费用估算

归纳总结各专项工程主要工程量及各方案估算，估算可以采用图表形式。

### 6.2　资金筹措

#### 6.2.1　资金筹措

说明项目建设资金来源及审核批准情况。

#### 6.2.2　分年度安排建议

列表说明专项工程施工安排计划。

# 7 工程环境影响分析

## 7.1 沿线环境特征

阐述项目路段周边生物环境、社会环境。

## 7.2 建设项目对工程环境的影响

分析项目建设对周边生物环境、社会环境可能造成的影响。

## 7.3 减缓工程环境影响的对策

根据各项目实际实施方案，可以从以下几个方面阐述各项目实施过程需减缓工程实施对环境影响采取的措施及方案。

### 7.3.1 路基边坡防护对策

### 7.3.2 借方、弃方及水土保持对策

### 7.3.3 绿化恢复植被对策

### 7.3.4 其他对策（对地下水、地表水、噪声、夜间施工等影响的对策）

# 8　绩效评价

## 8.1　绩效目标

阐述项目所要达到的目标、技术指标或效果。

## 8.2　绩效指标

### 8.2.1　产出指标

(1)数量指标。

(2)质量指标。

(3)时效指标。

(4)成本指标。

### 8.2.2　成果指标

从项目的实施对恢复或提高道路技术状况和服务水平等方面进行论述。

公路养护工程的实施有利于延缓病害的进一步发展以至恶化，有利于恢复道路技术状况和服务水平，有利于延长使用寿命。公路保持良好的使用状态和服务水平，有利于向使用者提供安全、快捷、舒适、优美的行车环境，有利于公路资产的保值和增值，最终提高公路的经济效益和社会效益。

# 9 社会评价

## 9.1 社会影响分析

主要分析项目改造、加固等对所在地社会的正、负面影响。其内容主要包括对居民收入、生活水平与质量、就业的影响；对不同利益群体、弱势群体的影响；对所在地文化、教育、卫生的影响；对地区基础设施、社会服务容量和城市化进程的影响；对少数民族风俗习惯和宗教信仰的影响。

## 9.2 互适性分析

调查当地政府、企业、社会组织及居民等不同利益相关者对项目养护实施的态度，道路主要使用者对项目养护的支持程度；分析项目与当地社会环境的相互适应程度。

## 9.3 社会评价结论

归纳总结项目建设养护的社会评价。

## 10　问题与建议

养护项目改造加固方案及实施过程,对运营畅通、安全、总体等方面影响。应阐明存在的主要问题以及下一阶段的安排和建议。

## 附件

阶段性审查意见及过程中的相关审查意见、会议纪要、地方意见、部门意见、协议等。

## 主要图表

(1)项目地理位置图;
(2)主要经济社会指标图(表);
(3)本项目历史交通量表;
(4)相关公路交通量表;
(5)交通量车型结构表;
(6)直接影响区 GDP 与交通量关系图(表);
(7)回归模型参数表;
(8)未来年交通量表;
(9)未来年车型构成;
(10)未来年服务水平;
(11)近几年相关养护项目批复表;
(12)项目现状图表;
(13)项目改造或升级方案图;
(14)交通组织及实施方案图;
(15)工程数量及估算表。

**注:工程部分主要图表,可根据各项目内容参考《公路工程基本建设项目设计文件编制办法》,结合具体项目情况进行删减。**

# 第3章　养护专项工程可行性研究报告实用案例（节选）

本章内容为河北锐驰交通工程咨询有限公司按照养护工程可行性研究报告编制技术指南的格式要求完成的一个实体项目。由于本项目为收费站扩建项目,部分内容进行了合并,现摘录其中部分章节仅供交流和参考。在编录过程中对报告中涉及的部分地名和单位名称采取了删减和代替等技术处理。

× ×高速公路× ×收费站改扩建

# 工程可行性研究报告

河北锐驰交通工程咨询有限公司
HEBEI REACH TRAFFIC ENGINEERING CONSULTING CO.,LTD

二〇一三年三月

# ××高速公路××收费站改扩建
# 工程可行性研究报告

编 制 单 位:河北锐驰交通工程咨询有限公司

咨询证书等级:甲　　级

发 证 机 关:中华人民共和国国家发展和改革委员会

资 质 证 书 号:工咨甲 10320070013

总　经　理:

主 管 副 总:

总 工 程 师:

项目负责人:

技术负责人:

编制日期:2013 年 3 月

# 地 理 位 置 图

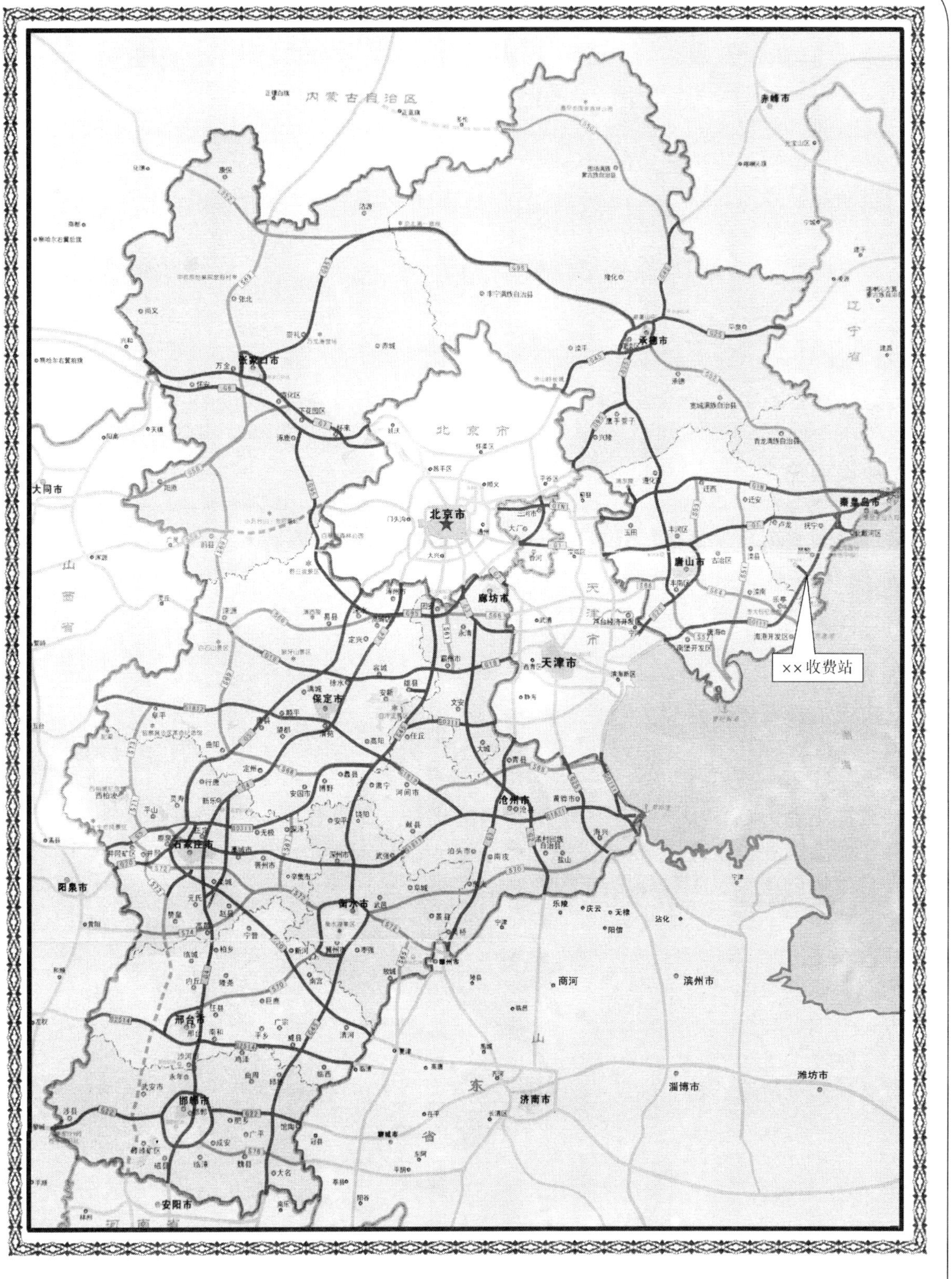
内蒙古自治区
赤峰市
承德市
张家口市
北京市
大同市
秦皇岛市
唐山市
廊坊市
天津市
××收费站
保定市
沧州市
石家庄市
阳泉市
衡水市
邢台市
邯郸市
安阳市
商河
滨州市
淄博市
潍坊市
济南市

# 目　录

# 1　概述

## 1.1　建设项目概况

### 1.1.1　项目单位基本情况

项目法人:________________

地　　址:________________

邮　　编:________________

运营管理机构:________________

地　　址:________________

邮　　编:________________

工程可行性研究报告编制单位:河北锐驰交通工程咨询有限公司

地　　址:河北省石家庄市平安南大街 30 号

邮　　编:050021

电　　话:0311 - 86089559

传　　真:0311 - 86089559

### 1.1.2　项目概况

××高速公路位于河北省秦皇岛市和唐山市,经过了抚宁县等县市,全长 160.24km。

××高速公路为秦、唐、沧环渤海公路的一部分,是 2020 年河北省高速公路布局规划“五纵、六横、七条线”主骨架中“横 3”的重要组成部分,是沟通沿海地区联系的主要通道,它连接了沿线的秦皇岛、唐山、曹妃甸、天津港口,对临海产业带的形成具有重要意义。本路的主要功能是服务于我省沿海经济……

××高速公路于××年××月××日开工建设,于××年底建成通车。与其相接的天津市海滨高速公路已于××年×月×日正式通车。全线按平原微丘区高速公路标准设计,双向四车道,路基宽 28m,全线设管理处办公楼一处,共有 13 座收费站、4 个服务区、3 个养护工区……

## 1.2　编制依据

(1)《公路工程技术标准》(JTG B01—2003)及有关标准、规范、规程等;

(2)国家发改委和建设部 2006 年颁布的《建设项目经济评价方法与参数》(第三版);

(3)中华人民共和国行业标准,《公路工程基本建设项目投资估算编制办法》(JTG M20—2011);

……

## 1.3 研究过程及内容

### 1.3.1 研究过程

接到任务后,我公司于2012年3月组织专业技术人员对收费站进行了勘察测量,并进行了……

### 1.3.2 研究内容

为了结合本项目的工程方案实施决策提供科学依据,在充分调查、搜集资料及现场踏勘基础上,结合本项目所在地区公路网的特殊位置及社会经济、交通量预测、工程方案研究及经济评价,对项目的必要性、项目可行性、经济合理性和实施可行性进行了综合研究,最终提出经济合理并切合实际可行的推荐方案……

## 1.4 建设的必要性

(1)适应交通量发展的需要

××高速公路自开通以来,交通量迅猛增长,作为京秦高速、唐津高速的辅助通道,其建设促进了沿线旅游业的迅速发展……

(2)对促进地方经济发展将发挥巨大作用

国家"十二五"规划纲要明确指出"推进京津冀地区区域经济一体化发展"、"打造首都经济圈"、"推进河北沿海地区发展"……

(3)是实现"河北高速、优质服务"的需要

××收费站改扩建后,将极大地减少出入收费站的等待时间,优化行车环境……

# 2　路网交通及发展现状

## 2.1　研究区域概况

秦皇岛市位于河北省东北部,东邻辽宁省,西接唐山、京津,北倚燕山与承德接壤,南部为秀丽的渤海之滨。秦皇岛是华北、东北进出的咽喉要道,地理位置十分重要。秦皇岛下辖3个城区、4个县,分别为秦皇岛市山海关区、北戴河区、海港区及昌黎、抚宁、青龙、卢龙县。辖区总面积7812km$^2$,总人口276万人,是我国首批对外开放的14个沿海港口城市之一。

## 2.2　研究区域社会经济发展概况

### 2.2.1　社会发展概况

秦皇岛有较丰富的矿产资源,北部山区有金、铜、铁、煤、石灰石、花岗岩、大理石等。其中青龙县的石材加工在全省已具有相当规模,成为青龙县的支柱产业。

……

### 2.2.2　经济发展现状

工业:秦皇岛是一座新兴的工业城市……

农业:秦皇岛属暖温带半湿润季风型大陆性气候……

商贸业:秦皇岛是中国重要的港口城市……

### 2.2.3　社会经济发展趋势

社会经济指标的预测采用趋势型预测,即对项目影响区域主要社会经济指标历史数据进行统计分析,根据影响区域社会经济历史的发展趋势和规律,分析得到未来项目影响区域的社会经济发展趋势,确定两市社会经济预测模型……

### 2.2.4　项目直接影响区域社会经济概况

……

## 2.3　项目在路网中的地位和作用

### 2.3.1　本地区公路网现状

项目所在区域内现状公路网比较发达,与之相交的国省干道有京哈高速……

### 2.3.2　本项目在区域路网中的地位及作用

××公路秦皇岛至冀津界段高速公路为秦、唐、沧环渤海公路的一部分,是2020年河北省高速公路布局规划“五纵、六横、七条线”主骨架中……

# 3 交通量现状及预测

## 3.1 交通量分析及预测

公路项目未来交通量的大小，是确定道路是否需要进行维护及确定养护标准的重要依据。为做好本项目交通分析及预测，促进××高速公路交通事业健康、持续发展，同时也为养护标准提供确定可靠依据，我们在收集××高速××收费站历年的交通统计数量的基础上进行了交通量分析及预测……

## 3.2 公路交通的进一步调查与分析

### 3.2.1 交通量情况

××高速公路2007年底建成通车，当时天津海滨大道尚未开通……随着区域内路网的完善，交通量的增长将趋于平稳发展。2009～2012年××高速各收费站出入口交通流量，见表……

### 3.2.2 路网交通量

项目所在区域内现状公路网比较发达，与之相交的国省干道有京沈高速、国道102、国道205、省道385、省道281、唐港高速、省道262、唐曹高速；与之相交的铁路有京山线、七滦线、滦港线、迁曹线，与之平行的有省道364；公路路网运输情况及影响因素比较复杂。相关路网年均日交通量统计，见表……

### 3.2.3 车型分析

××高速公路车流量按收费车型划分标准进行统计，共分为五类，见表……

根据2012年××高速公路××主线站按收费车型分类的统计资料，可以得到××高速的交通量构成。其构成情况，见表……

### 3.2.4 车载情况

××高速公路所在区域内路网复杂，多为高等级公路，通道内交通量较大，小客车所占比例最多，大中型货车比例较高……

## 3.3 交通量预测

本项目为养护项目，交通量预测采用直接法进行预测。由于××高速公路开通时间较短，区域内路网复杂，大路网的格局虽然已经形成，但是通道内交通量布局尚未成熟稳定。本项目根据2012年交通量现状对原工可报告中的交通量进行修正，并根据原工可报告中的客流增长率对未来特征年交通量进行预测……

# 4 建设养护方案

## 4.1 工程现状

### 4.1.1 收费站现状

××互通(见图4-1和图4-2)位于××乡冷各庄村和东腾远村之间,××高速在此与规划SL83(蛇刘线)相交,交叉桩号K53+227,交角90°。互通采用A型单喇叭形式,主线下穿。被交路蛇刘线为二级公路,设计车速为80km/h,互通内路基宽26m。本互通主要承担卢龙县、昌黎县西北部与××高速公路的连接,为促进沿线旅游,发展西部各县沿线经济提供了便利。

图4-1 ××互通鸟瞰图

图 4-2　××收费站鸟瞰图

××收费站位于互通 A 匝道,中心桩号 AK0 + 150,收费广场长度 60m,现有 2 进 2 出 4 条收费车道,1 个出口岛,1 个入口岛,1 个双向岛。收费岛宽度为 2.2m,普通车道宽度为 3.4m,超宽车道宽度为 4.5m(4.9m);出口岛岛长 39m(27m + 12m),入口岛岛长 32m(20m + 12m),双向岛岛长 47m(20m + 27m);未安装 ETC 车道设备,出口车道均已安装计重收费设备……

### 4.1.2　存在的问题

××收费站现状为 2 进 2 出,由于地方工业发展、暑期旅游升温、机场规划等原因,在车流高峰期无法满足车辆顺利通过收费站的需求,给高速公路带来极大的负面影响。为确保车辆行驶畅通,满足收费站服务水平,避免出现堵车现象(图 4-9),急需扩建收费车道,有效地提高收费站的通行能力。

图 4-9　××站车辆拥堵

通过对 2009 ~ 2012 年××收费站的交通量和 2012 年应急预案的启动情况进行分析,调查发现:××收费站每年车流量较大的情况主要集中在暑期分流期间(6 ~ 9 月),由于五型车比例较大,因此每次堵车时间较长;堵车次数多的时间段为凌晨 4 点至早晨 7 点。全年一级预案累计启动 81 次,二级预案累计启动 180 次。

根据《高速公路交通工程及沿线设施设计通用规范》(JTG D80—2006)第 7.4.1 条第(3)款中收费服务时间要求,收费服务水平按平均等待车辆数 1 辆计算,考虑到本收费站实施计重收费,且五型车比例极高,因此本站的出口方向服务时间宜取上限 26s,入口方向服务时间取 8s。

××收费站未来特征年设计小时交通量,如表 4-5 所示。

**××收费站未来特征年设计小时交通量**(单位:小客车)　　表 4-5

| 收费站 | 年　份 | 2013 | 2015 | 2020 | 2022 收费末年 | 2025 | 2027 |
|---|---|---|---|---|---|---|---|
| 出口 | AADT | 1993 | 2197 | 2474 | 2624 | 2952 | 3320 |
| | 调整后 AADT | 3109 | 3428 | 3859 | 4094 | 4605 | 5180 |
| | DHV | 373 | 411 | 463 | 491 | 553 | 622 |
| | 所需车道数 | 3 | 3 | 4 | 4 | 4 | 4 |
| 入口 | AADT | 1698 | 1872 | 2107 | 2235 | 2515 | 2829 |
| | 调整后 AADT | 2513 | 2770 | 3119 | 3308 | 3722 | 4186 |
| | DHV | 302 | 332 | 374 | 397 | 447 | 502 |
| | 所需车道数 | 2 | 2 | 2 | 2 | 2 | 2 |

根据计算可知,出口方向由 2 个车道扩建为 4 个车道即可满足出入收费站的车辆的需求。

## 4.2　同类项目批复及维修历史

2011 年 7 月 20 日河北省交通运输厅公路管理局,以冀交公路〔2011〕618 号文对××收费站出口加宽改造工程的施工图设计进行了批复,对××收费站的出口渐变段广场进行加宽改造……

## 4.3　改扩建方案拟订

根据交通量预测的结果,在不新增占地的条件下,在现有占地范围内新增收费车道。新增收费岛按现有计重收费要求进行设计……同时结合是否增设入口 ETC 车道的问题,拟订改造方案见表 4-6。

**收费站改扩建方案**　　表 4-6

| 方案 | 现　状 | | 改　造　后 | | 改扩建方案 |
|---|---|---|---|---|---|
| 方案一 | 2 进 2 出 | 一般 3.4m<br>超宽 4.5m(4.9)m | 一般 3.5m<br>超宽 4.6m | 2 进 4 出 | 出口侧新增 2 个出口岛,双向岛出口车道增设 ETC 设备 |
| 方案二 | | | | 3 进 4 出 | 出口侧新增 2 个出口岛,入口侧增加一个入口岛,双向岛改造 ETC |

### 4.3.1 方案一(推荐方案)

如图4-10所示,在不新增占地的条件下,出口侧增加2个出口岛,原双向收费岛出口车道安装ETC收费设备,改造为ETC、MTC共用车道。原收费车道宽3.4m,出口侧超宽车道宽4.5m,入口侧超宽车道4.9m;新增普通出口车道宽3.5m,新增超宽车道为4.6m。改建后收费站车道数由原2进2出变为2进4出……

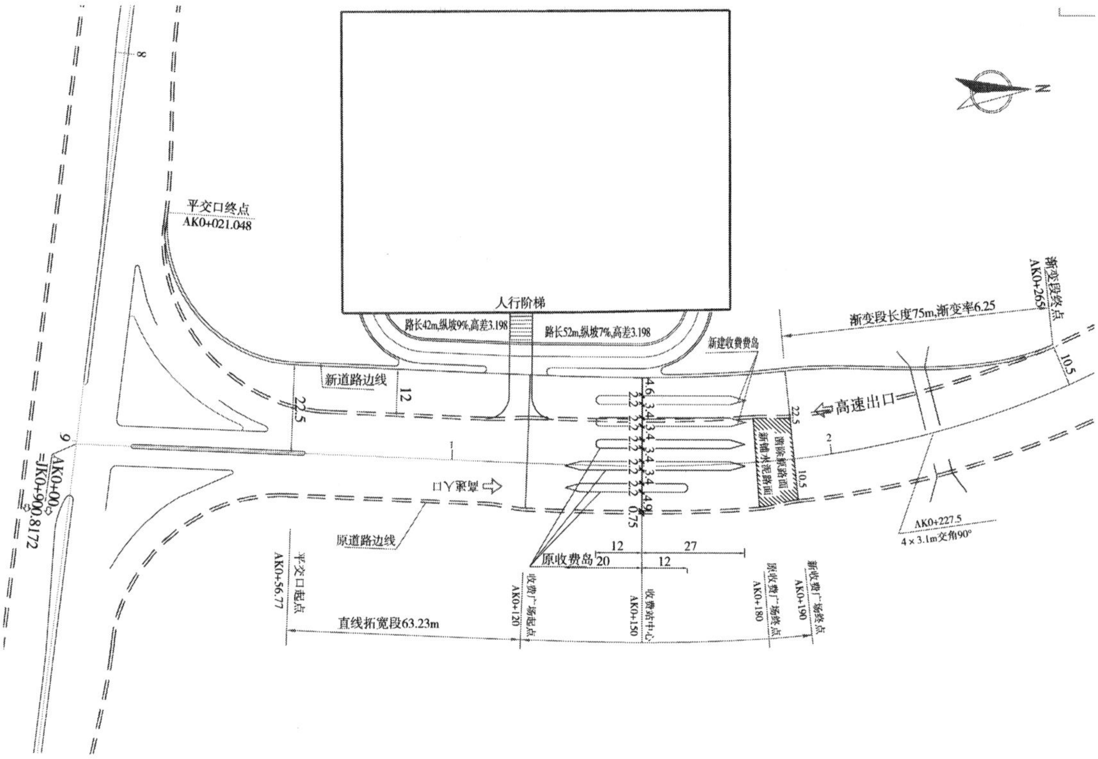


图4-10 推荐方案平面设计图

1)路基路面工程

……

2)桥涵工程

……

3)改路

……

4)交通安全设施工程

……

5)机电工程

……

6)收费大棚

……

### 4.3.2 方案二(比较方案)

如图4-16所示,在不新增占地的条件下,出口侧增加2个出口岛,入口侧增加1个入口岛,原双向收费岛安装ETC收费设备。原收费车道宽3.4m,出口侧超宽车道宽4.5m,入口侧超宽车道4.9m;新增普通出口车道宽3.5m,新增超宽车道为4.6m。改建后收费站车道数由原2进2出变为3进4出……

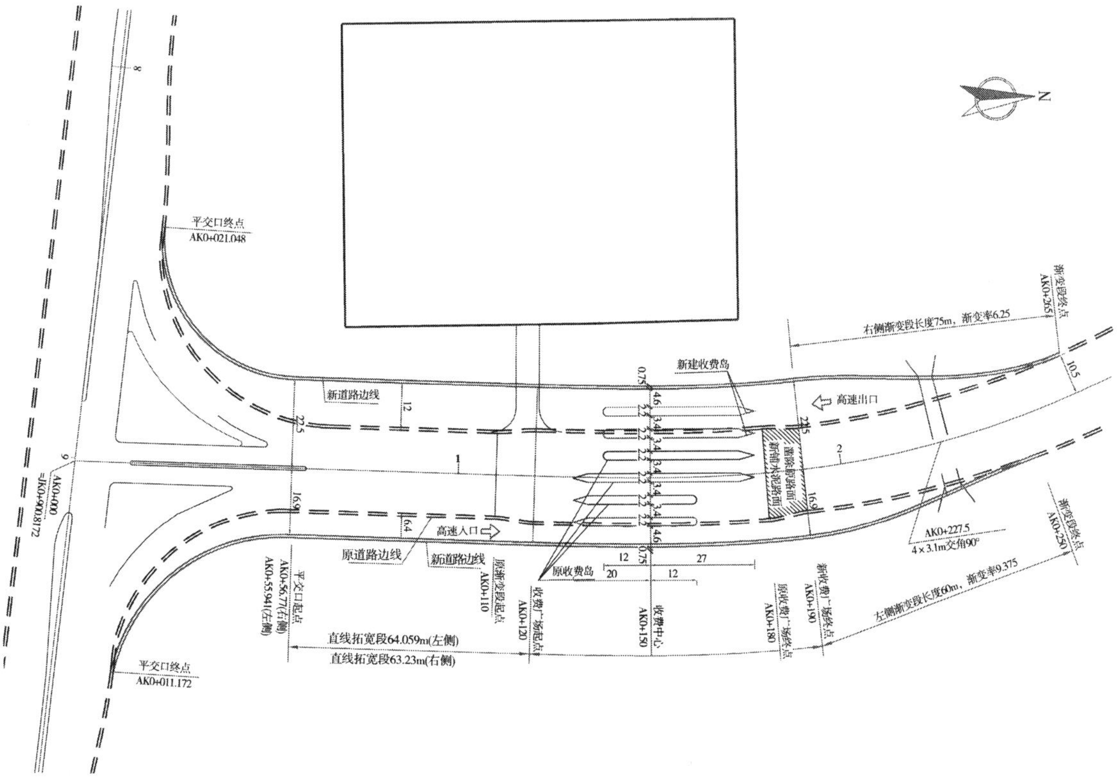


图4-16 比较方案(改扩建)示意图

1)路基路面工程

……

2)桥涵工程

……

3)改路

……

4)交通安全设施工程

……

5)机电工程

……

6)收费大棚

……

### 4.3.3 方案比选(见表4-7)

方 案 比 选 表4-7

| 方 案 | 方 案 一 | 方 案 二 |
|---|---|---|
| 原车道数 | 2进2出;1个入口岛,1个出口岛,1个双向岛 | |
| 扩建车道数 | 2进4出;1个入口岛,3个出口岛,1个双向岛,双向岛为ETC | 3进4出;2个入口岛,3个出口岛,1个双向岛,双向岛为ETC |
| 新增收费岛 | 单侧加宽 | 两侧加宽 |
| | 出口侧增加2个出口岛 | 入口侧增加1个入口岛,出口侧增加2个出口岛 |
| 改造收费岛 | 双向岛出口车道改造为ETC、MTC共用 | 原双向岛改造为双向ETC收费岛 |
| 平交口 | 平交口渠化 | 平交口渠化 |
| 总造价 | ××万元 | ××万元 |

1)主体方案比较

收费站出口方向外侧为站区,路缘石边缘至站区围墙外侧距离约为26m,方案一在出口侧增加2个收费车道后,对原进出站区道路进行改移,改造后线形满足规范要求;同时出口方向单侧加宽对现有机电设施影响较小……

2)大棚方案比较

接建收费大棚方案投资较小,施工对于收费站的运营影响较小,但是整体美观效果稍差;而新建收费大棚方案美观效果较好,但是投资较大、施工影响较大……

### 4.3.4 推荐方案

从技术指标、投资规模、改造效果等方面综合考虑后,推荐主体设计方案采用方案一、收费大棚采用接建方案……

# 5　建设条件及实施方案

## 5.1　建设条件

### 5.1.1　地形、地质、水文等条件

1)地形

……

2)地质

……

3)水文

……

4)气象

……

5)地质构造、地层岩性与地震

……

### 5.1.2　筑路材料及运输条件

1)石料

……

2)砂和砂砾

……

3)石灰

……

4)工程用水用电

……

5)四大材料来源及供应

……

## 5.2　实施方案

### 5.2.1　交通组织方案

由于××高速公路所处的特殊地理位置,及其所起的交通主干线作用,暑期旅游期交通量尤其较大。因此,本项目将在部分收费车道断交的情况下进行施工,同时本站交通量较大,开放交通要快,致使交通组织管理显得格外重要。

根据调研分析及相关法规、规程的要求,本着“安全、畅通、确保工程质量”的精神,借鉴省内外高速公路路面养护工程的经验,结合本路自身特点,最终选定“不改变

交通流方向，封闭部分收费车道施工”的交通组织方式，即“部分车道通行，封闭部分车道施工”。采取这种方式的优点，主要是最大限度地降低施工对交通流的干扰，确保过往车辆的安全和道路的畅通。

……

**5.2.2　控制方案的主要因素**

施工前仔细研读施工图设计文件，做好施工技术交底工作，备足建设所需钢材、水泥、砂石等筑路材料，备足混凝土运输车辆，确保施工过程连续完整……

**5.2.3　施工进度安排**

分析工程的施工条件和特点，项目计划于××年完成可行性研究报告的编制和施工图设计工作等前期准备工作……

# 6 投资估算及资金筹措

## 6.1 投资估算

### 6.1.1 编制依据

(1)本报告所确定的技术方案和工程量。

(2)中华人民共和国行业标准,《公路工程基本建设项目投资估算编制办法》(JTG M20—2011)。

(3)中华人民共和国行业推荐性标准,《公路工程估算指标》(JTG/T M21—2011)。

(4)《河北省高速公路小修保养和中修工程预算定额》(冀交定字〔2010〕31号)。

(5)中华人民共和国行业推荐性标准,《公路工程概算定额》(JTG/T B06-01—2007)。

(6)中华人民共和国行业推荐性标准,《公路工程预算定额》(JTG/T B06-02—2007)。

(7)中华人民共和国行业推荐性标准,《公路工程机械台班费用定额》(JTG/T B06-03—2007)。

(8)河北省交通厅"关于印发《河北省公路工程建设项目概预算编制补充规定》(冀交定字〔2008〕66号)的通知"。

……

### 6.1.2 各项费用取用标准

1)人工费

根据河北省交通运输厅《关于公布我省公路工程人工费工日定额标准的通知》(冀交基〔2012〕104号)。人工费标准为57元/工日。

2)材料费

(1)钢材、木材等均由当地市场价格取定,加计汽车运杂费,算至工地。

(2)水泥、石料等均由当地市场价格综合取定,加计汽车运杂费,算至工地。

(3)地材。

土、水及其他零星材料,根据工程所在地调查的供应价格综合取定。材料运距根据各料场实际到工地距离及供应量加权平均确定。材料单价计算中,考虑了一、二、三类货物运价、装卸及其他费用。

3)机械台班费

根据《公路工程机械台班费用定额》(JTG/T B06-03—2007)及《国务院关于实施成品油价格和税费改革的通知》(国发〔2008〕37号),施工机械台班费用计算取消养路费。

4）其他工程费、间接费

依据中华人民共和国行业标准，《公路工程基本建设项目投资估算编制办法》（JTG M20—2011）中的有关标准计列。

5）利润及税金

利润取7%，税金取3.41%。

6）设备及工具（器具）购置费

根据需要，按实计列。

7）建设项目管理费

依据《公路工程基本建设项目投资估算编制办法》（JTG M20—2011）进行取费。

8）建设项目前期工作费

前期工作咨询费：依据原国家计委计价格〔1999〕1283号、省物价局、省计委冀价经费字〔2000〕10号文计列。

勘察设计费：以建设部2002年修订《工程勘察设计收费管理规定》，原国家计委、建设部计价格〔2002〕10号文计列。

招标文件编制费：以原国家计委计价格〔2002〕1980号文计列。

……

### 6.1.3 拟建项目主要工程量及费用估算

阐述两个方案的主要工程量及估算……

## 6.2 资金筹措

### 6.2.1 资金筹措

本项目建设资金来源于……

### 6.2.2 年度安排建议

为了减少对交通影响，提高本高速公路的服务水平，建议……

# 7　工程环境影响分析

## 7.1　沿线环境特征

××高速公路位于秦皇岛、唐山南部沿海地区,全线基本位于沿海冲洪积平原上,土壤含水量丰富……

## 7.2　建设项目对工程环境的影响

改建项目在施工期和营运期对生态环境的影响,主要表现为土方填挖等工程行为对收费站的占地范围地形地貌的改变及原有植被的破坏。

排水设计时注意水流方向,尽可能与收费站原有排水设施相通,不随意排入公路两侧水体或土壤中,以免污染周围的水土资源……

## 7.3　减缓工程环境影响的对策

(1)必须严格按照有关公路施工规范进行施工。

(2)应妥善处理施工中产生的废弃物及清洗设备的废水及生活污水。

(3)本专项工程施工期间不断交,按照相关规范要求和实际需要设置施工标志、路栏、锥形交通路标等安全设施。

(4)对于夜间施工,应在必要位置安装探照灯等照明设施,以满足夜间施工的照明要求,并适当增加交通安全设施(特别是施工警告灯)的数量。

施工期间应做好交通组织和疏导工作,严格限制车速,并及时处理车辆故障、交通事故等突发事件,保证道路畅通。施工单位在施工前应与交管部门协商解决疏导和交通安全等有关问题,并及时取得交管部门的支持。

……

# 8 绩效评价

## 8.1 绩效目标

本工程的实施效果主要体现在两个方面:一方面,减少收费站出口的车辆拥堵,减少车辆出站的等待时间,为用户节约时间;另一方面,提高了收费站服务水平,为用户提供优质的服务,体现当今社会以人为本的主题,树立高速公路管养单位的对外形象……

## 8.2 绩效指标

### 8.2.1 产出指标

1)数量指标

本项目对××收费站进行改扩建,推荐方案共增设收费车道2条,其中路基填方××$m^3$,水泥混凝土路面××$m^2$,以及相应的收费大棚及机电项目的改造;比较方案共增设收费车道3条,其中路基填方××$m^3$,水泥混凝土路面××$m^2$,浆砌片石挡土墙××$m^3$,以及相应的收费大棚及机电项目的改造。

2)质量指标

本项目施工应符合现行规范、指南的要求,工程质量达到优良。

3)时效指标

本项目预计工期安排为××年×月至××年×月,工期×个月。

4)成本指标

本项目推荐方案投资××万元;比较方案投资××万元。

### 8.2.2 成果指标

从上述分析可以看出:本项目的实施可以增强收费站的车辆通行能力,提高收费站的服务水平,对实现“河北高速、优质服务”具有重要意义,有利于向社会提供安全、快捷、舒适的交通环境,体现当今社会以人为本的主题,树立高速公路管养单位的对外形象……

# 9　社会评价

## 9.1　社会影响分析

项目建设体现了“以车为本、以人为本”的理念,是保障交通安全的需要。由于项目的建成,提高了××高速公路的服务质量,车辆停滞时间减少,驾驶员等待时间缩短,可以减少间接诱发的交通事故。充分利用高速公路车辆行驶快捷、安全的资源,可以提高高速公路在社会经济中的地位,提高道路使用者对高速公路的良好印象,进而为创建和谐社会起到积极作用……

## 9.2　互适性分析

本项目的实施,能极大地缓解收费站附近道路的拥堵,减少车辆的停滞时间,减少间接诱发的交通事故;本项目的实施对于缓解高速公路收费站以及被交道路的拥堵有着极大的意义,当地政府、企业、居民及道路主要使用者对本项目的建设持完全支持的态度……

## 9.3　社会评价结论

本项目建设是为了保障××高速公路的正常运营以满足驾乘人员的需求,是保障交通安全的需要。由于本项目的建成,将极大地提高收费站的服务质量,减少间接诱发的交通事故,降低高速公路运营和管理费用。因此,便捷、周到的服务势必会带来收费站的良好社会效益……

# 10 问题与建议

(1)建议施工单位妥善处置建筑垃圾,防止对环境造成污染。

(2)主管单位应提前安排下一阶段的工作,争取尽早开工。

(3)建议施工单位采取周密的施工组织措施,确保施工期间收费站的正常运营。

……

# 附件

附件,见下附图纸目录。

## 附件图纸目录

### 图 表 目 录

项目名称：××高速公路××收费站改扩建工程

| 序号 | 图纸名称 | 图号 | 页数 |
|---|---|---|---|
| | 方案一（推荐方案） | | |
| | 一、路线 | | |
| 1 | 推荐方案工程数量表 | GK1-1-1 | 1 |
| 2 | ××互通立交总体图 | GK1-1-2 | 1 |
| 3 | 推荐方案平面设计图 | GK1-1-3 | 1 |
| 4 | 推荐方案交通渠化设计图 | GK1-1-4 | 1 |
| | 二、路基、路面 | | |
| 1 | 路面搭接及路基处理设计图 | GK1-2-1 | 4 |
| 2 | 水泥路面设计图 | GK1-2-2 | 1 |
| 3 | 路基防护设计图 | GK1-2-3 | 3 |
| 4 | 泄水槽设计图 | GK1-2-4 | 1 |
| | 三、桥涵 | | |
| 1 | AK0 +227.5 4×3.1m 通道加宽工程数量表 | GK1-3-1 | 1 |
| 2 | 推荐方案 AK0 +227.5 4×3.1m 通道加宽桥型布置图 | GK1-3-2 | 1 |
| | 四、交通安全设施 | | |
| 1 | 推荐方案工程数量汇总表 | GK1-4-1 | 5 |
| 2 | 推荐方案标线平面布设图 | GK1-4-2 | 1 |
| 3 | 结构设计图 | GK1-4-3 | 12 |
| | 五、机电工程 | | |
| | 推荐方案机电设备数量表 | GK1-5-1 | 2 |
| | 六、收费大棚 | | |
| 1 | 推荐方案收费大棚接建设计图 | GK1-6-1 | 4 |
| 2 | 推荐方案收费大棚新建设计图 | GK1-6-2 | 4 |
| | 七、投资估算 | | |

| 序号 | 图纸名称 | 图号 | 页数 |
|---|---|---|---|
| | 方案二（比较方案） | | |
| | 一、路线 | | |
| 1 | 比较方案工程数量表 | GK2-1-1 | 1 |
| 2 | 比较方案平面设计图 | GK2-1-2 | 1 |
| 3 | 比较方案交通渠化设计图 | GK2-1-3 | 1 |
| | 二、路基、路面 | | |
| 1 | 路面搭接及路基处理设计图 | GK2-2-1 | 4 |
| 2 | 水泥路面设计图 | GK2-2-2 | 1 |
| 3 | 比较方案挡土墙及其护栏工程数量表 | GK2-2-3 | 1 |
| 4 | 路基防护设计图 | GK2-2-4 | 3 |
| 5 | 泄水槽设计图 | GK2-2-5 | 1 |
| | 三、桥涵 | | |
| 1 | AK0 +227.5 4×3.1m 通道加宽工程数量表 | GK2-3-1 | 1 |
| 2 | 比较方案 AK0 +227.5 4×3.1m 通道加宽桥型布置图 | GK2-3-2 | 1 |
| | 四、交通安全设施 | | |
| 1 | 比较方案工程数量汇总表 | GK2-4-1 | 5 |
| 2 | 比较方案标线平面布设图 | GK2-4-2 | 1 |
| 3 | 结构设计图 | GK2-4-3 | 12 |
| | 五、机电工程 | | |
| 1 | 比较方案机电设备数量表 | GK2-5-1 | 2 |
| | 六、收费大棚 | | |
| 1 | 比较方案收费大棚接建设计图 | GK2-6-1 | 4 |
| 2 | 比较方案收费大棚新建设计图 | GK2-6-2 | 4 |
| | 七、投资估算 | | |

**附录A**

# 关于印发《公路建设项目可行性研究报告编制办法》的通知

交规划发〔2010〕178号

各省、自治区、直辖市、新疆生产建设兵团交通运输厅(局、委),天津市市政公路管理局、上海市城乡建设和交通委员会:

原交通部于1988年颁布了《公路建设项目可行性研究报告编制办法》。20多年来,我国经济社会发生了巨大变化,原办法中的部分内容已不能适应形势发展的要求。

为进一步规范公路建设项目可行性研究报告编制工作,加强前期工作管理,提高公路建设项目决策的科学性,我部组织专门力量对办法进行了修订。现将《公路建设项目可行性研究编制办法》印发给你们,请遵照执行。原交通部《关于颁发水运、公路建设项目可行性研究编制办法的通知》(〔88〕交计字500号)中《公路建设项目可行性研究编制办法》同时废止。

**中华人民共和国交通运输部**

二〇一〇年四月十二日

**注:《公路建设项目可行性研究报告编制办法》为公开信息,可通过相关网站浏览全文,为节省篇幅,不再列出。**

**附录 B**

# 关于印发《河北省干线公路养护专项工程项目库建设的指导意见》的通知

冀交公路函计字〔2008〕73 号

各设区市交通局、高速公路项目法人单位:

现将《河北省干线公路养护专项工程项目库建设的指导意见》印发给你们,望在干线公路养护专项工程工作中遵照执行。

附:《河北省干线公路养护专项工程项目库建设的指导意见》

**河北省交通厅公路管理局**

二〇〇八年三月十七日

# 河北省干线公路养护专项工程项目库建设的指导意见

为进一步加强公路养护管理工作，促进公路事业的健康发展，根据公路养护工程建设程序和预算项目库管理的要求，结合我省干线公路养护管理体制和特点，提出干线公路专项工程项目库建设的指导意见：

## 一、入库项目范围

入库项目范围包括：干线公路养护专项工程项目及事业发展专项工程项目。

1. 养护专项工程项目包括：小修保养、中修、大修工程。

养护工程项目的小修保养、中修、大修的划分按交通部《公路养护工程管理办法》（2001年5月）附录的内容划分。

2. 事业发展项目包括：建设性项目（场站建设、生产办公房屋建设等的费用）、经费性项目（科研及技术开发、教育培训、路况及交通量调查、路政管理等）。

## 二、入库项目的前期工作及报审程序

1. 小修保养工程按照《河北省公路养护小修保养工程管理办法》、《河北省高速公路养护管理暂行办法》规定测算养护费用，列入年度预算项目库。

2. 中修、大修工程、事业发展中的建设性项目均应编制项目工程可行性研究报告和施工图设计文件。各设区市交通局、厅直高速公路法人单位负责组织编制管辖公路的中修、大修工程的项目工程可行性研究报告、施工图设计文件，初审后上报省厅公路局。

不需新增占地的改建项目，经省交通厅批准后，可按大修工程项目程序上报。

3. 事业发展项目中的经费性项目只编制项目说明及费用明细表。

4. 使用车购税资金的路网改造工程、文明样板路、危桥改造、安保工程等项目，除按照要求完成前期工作外，年度项目计划需经同级财政部门审核同意后，联合上报省交通厅、省财政厅。

5. 省市合建一般干线收费公路项目，由各设区市交通局与厅直高速公路法人单位联合上报。

## 三、危桥水毁等应急抢修工程

1. 中小桥梁由设区市交通局、厅直高速公路法人单位上报桥梁技术状况复核结果及养护方案，经省公路局批复养护方案后，编制施工图设计文件报送公路局。

大桥、特大桥由各设区市交通局、厅直高速公路法人单位上报桥梁技术状况初步复核意见及养护方案，经省公路局最终复核并批复养护方案后，编制施工图设计文件报送省公路局。

2. 水毁应急保畅等项目应及时上报抢修方案，同时对影响交通的病害进行处理，编制施工图报送省公路局。

危桥水毁应急保畅工程等项目所需资金可在当年应急资金中安排。

## 四、项目库前期文件时间要求

项目库实行开放式管理，完成前期工作项目可随时入库。各设区市交通局、厅直高速公路法人单位编制完成项目工程可行性研究报告和施工图设计文件应及时上报，完成前期工作的项目可申请列入省厅项目库。

申请年度计划的大修项目工程可行性研究报告上报截止时间为上一年的 3 月底，中修项目工程可行性研究报告上报截止时间为上一年的 5 月底，大修项目施工图设计文件上报时间截止为上一年的5 月底。中修项目施工图设计文件上报时间截止为上一年的 7 月 15 日前。

申请年度计划的事业发展项目应于当年 7 月底前完成前期工作。

## 五、工程可行性研究报告主要编制内容

报告主要内容：由项目基本情况、交通量分析及项目使用情况、项目实施方案、项目投资估算及绩效评价等章节组成。

（一）中修工程包括：

（1）项目基本情况。包括整条公路最近改建或大中修情况（要提供每段的具体桩号、起讫点名称、实施年限、路线性质等），路基宽度、路面宽度、路面结构等，项目所在位置示意图。

（2）项目技术状况评定及病害具体情况和特征照片等。

（3）中修方案。

（4）投资估算、绩效评价。

（二）大修工程包括：

（1）项目基本情况。包括整条公路最近改建或大中修情况（要提供每段的具体桩号、起讫点名称、实施年限、路线性质等），路基宽度、路面宽度、路面结构、街道化里程及位置等，项目所在位置示意图。

（2）交通量分析。主要提供近几年的交通量变化情况和发展趋势，车辆构成情况等。

（3）项目技术状况评定及病害具体情况和特征照片等。

（4）原有桥涵使用情况。包括桥涵位置、桩号、病害情况等。

（5）大修方案。

（6）投资估算、绩效评价。

（三）桥隧维修加固工程包括：

(1)现有桥隧基本情况。包括路线名称、桥隧名称、桩号,荷载及技术等级、结构形式及修建年限。

(2)交通量分析。主要提供近几年的交通量变化情况和车辆构成情况等。

(3)桥隧使用情况。包括病害情况详细描述、病害原因分析、技术鉴定结果等。

(4)桥隧维修加固或改建方案。包括维修加固构造图和说明、改建桥隧结构布置图等。

(5)投资估算、绩效评价。

(四)交通工程及沿线设施编制内容参照主体工程编制,重点说明现有交通工程及沿线设施的使用现状及存在的主要问题,提出相应的工程方案。

(五)改建工程参照新改建工程项目工程可行性研究报告编制。

(六)危桥水毁应急保障工程项目的工程可行性研究报告简化为养护维修加固方案。

## 六、大修工程前期工作有关文件按项目编制

一般干线公路中修、桥隧维修加固工程按市编制;高速公路中修、桥隧维修加固及附属设施工程项目按路线编制。按照开放式项目库管理要求,年度集中编报外的项目可单独编制上报。

**附录 C**

# 河北省交通运输厅

冀交公〔2012〕337 号

## 关于印发《河北省高速公路养护管理办法》的通知

各设区市交通运输局,厅公路局、省高管局(集团):

现将《河北省高速公路养护管理办法》印发你们,请遵照执行。原《河北省高速公路养护管理暂行办法》至 2012 年 6 月 30 日废止。

河北省交通运输厅

二〇一二年六月二十日

# 河北省高速公路养护管理办法

## 第一章　总　　则

**第一条**　为加强高速公路养护管理，建立科学、规范、高效的高速公路养护管理机制，提高高速公路养护管理水平，更好地发挥其经济和社会效益，根据《中华人民共和国公路法》、《收费公路管理条例》、《交通部关于印发〈公路养护工程管理办法〉的通知》（交公路发〔2001〕327 号）等有关规定，结合本省实际，制定本办法。

**第二条**　本办法适用于本省行政区域内已完成交工验收并投入运营的高速公路的养护管理活动。

**第三条**　省交通运输厅主管全省高速公路养护的监管工作，省交通运输厅公路管理局负责高速公路养护工程的具体管理工作。

各设区市交通运输局、省高速公路管理局（以下简称各设区市交通局、省高管局）分别负责所辖高速公路的养护管理工作；各高速公路管理处或高速公路经营公司（以下简称高速公路养护管理单位）负责具体组织实施高速公路的养护工作。

**第四条**　高速公路养护工作按其作业内容、工程性质、技术复杂程度和规模大小分为日常养护、中修、大修和局部改建四类，具体工作内容和要求见附件。

高速公路机电系统养护工作按照工程性质、规模大小、技术难易程度，分为日常养护和专项工程两类。

## 第二章　养护工作的基本要求

**第五条**　养护工作应坚持“预防为主、防治结合”的原则，及时预防治理高速公路病害和隐患，保证高速公路经常处于良好的技术状态，最大限度地提高高速公路的服务水平。

**第六条**　高速公路养护管理单位必须按照行业技术规范、标准和操作规程，采取正确有效的技术措施，对高速公路及其附属设施进行预防性、经常性和周期性养护，保证高速公路技术状况指数（MQI）达到 90 以上。

**第七条**　高速公路养护管理单位应当严格按照批准的工程规模和技术标准，组织实施养护管理工作；积极采用先进的养护技术和科学的管理方法，改善养护生产手段，提高养护工作效率，正确处理“质量、安全、畅通、工期”之间的关系，尽量减少对车辆通行的影响。

**第八条**　遇有自然灾害、突发性事件、交通事故等造成高速公路损坏，影响安全畅通的，高速公路养护管理单位应及时组织修复。

**第九条** 各设区市交通局、省高管局及高速公路养护管理单位每年应按规定及标准及时申请养护资金，确保资金足额到位、使用合理，不得随意改变资金用途。

## 第三章 日常养护管理

**第十条** 高速公路养护管理单位应当按照相关规定对高速公路路基、路面、桥涵、隧道、交通工程及沿线设施、绿化等进行日常巡视、检查和维护，及时完成轻微病害和破损的修补。

**第十一条** 高速公路养护管理单位应当按照《公路技术状况评定标准》及省厅相关规定的要求，积极采用先进的检测和评价手段，对高速公路的技术状况进行检测与调查，建立路面桥梁数据库和路面桥梁养护管理、评价系统，对高速公路技术状况进行科学评定，并作为制订养护规划和计划的依据。

**第十二条** 高速公路养护管理单位可根据具体情况，选择建立专业的日常养护队伍或采用其他的日常养护模式，加大养护管理力度，确保日常养护到位。

**第十三条** 高速公路养护管理单位应当充分利用现有的专业养护设备，并根据养护实际需要，配置必要的路面清扫、路面灌缝、路面除雪、护栏维修、路桥巡查及检测设备，尽量减少人员直接上路作业，逐步实现高速公路养护机械化。

**第十四条** 高速公路日常养护费用，实行定额为时计量管理，按照省交通运输厅发布的高速公路日常养护费用测算标准，参考高速公路建设标准、通车年限、交通量、大中修工程实施年限和物价水平等因素核定。

## 第四章 大、中修及局部改建工程管理

**第十五条** 对于高速公路大、中修及局部改建工程应当加强项目前期管理工作，作为建议计划基本依据的工程项目设计文件，按下列规定报批：

（一）对于政府还贷高速公路，应按照养护工程项目库建设的有关要求，由各设区市交通局、省高管局编制养护工程可行性研究报告及施工图设计文件；维修方案明确、技术简单的，应编制工程技术方案及施工图设计文件，报省交通运输厅审批。

（二）对于经营性高速公路，由高速公路经营公司编制工程技术方案及施工图设计文件；维修方案明确、技术简单的，仅编制施工图设计文件，报省交通运输厅备案审批。

（三）对于应急抢险工程，高速公路养护管理单位应在抢险结束后及时将应急抢险工程有关材料（影像资料、施工方案、工程量、费用清单等）报省交通运输厅审定工程投资额。

**第十六条** 对于高速公路服务区、监控中心、收费站等工作用房的改扩建项目，按下列规定进行报批：

（一）对于需新增占地的房屋改扩建项目，由各设区市交通局、省高管局编制项目工程可行性研究报告，报相应的发展改革部门审批。

（二）对于不新增占地，但需扩大建筑规模的房屋改扩建项目，需依据房屋的使用性质，严格前期管理。对于以满足公众服务为目的的服务区房屋改扩建项目，由各设区市交通局、省高管局编制项目工程可行性研究报告及施工图设计文件，报省交通运输厅审批。

其他如收费站、监控中心等房屋改扩建项目，由各设区市交通局、省高管局编制项目工程可行性研究报告，报相应的发展改革部门审批。

（三）对于不新增占地也不扩大建筑规模的房屋改造工程，由各设区市交通局、省高管局编制项目工程可行性研究报告及施工图设计文件，报省交通运输厅审批。

**第十七条**　高速公路大、中修及局部改建工程设计，应当根据工程分类、技术难度和工程规模，按照国家的有关规定，选择具有相应资质的设计单位完成。

设计单位要在认真调查、检测的基础上按国家、省有关标准和规范要求进行设计，确保设计质量。

**第十八条**　高速公路大、中修及局部改建工程施工，应当按照国家、省有关规定通过招标选择专业施工单位、专业监理单位，并按照有关规定接受公路工程质量监督部门的监督。

**第十九条**　设计变更应当符合国家有关公路工程强制性标准和技术规范的要求，符合公路工程质量、使用功能和环境保护的要求。任何单位或者个人不得违反本办法规定擅自变更已经批准的养护工程设计，不得肢解设计变更项目规避审批。经批准的设计变更一般不得再次变更。

经过批准的养护工程设计变更，其相应投资变化列入养护工程决算。未经批准的设计变更，其投资变化不得列入养护工程决算。

**第二十条**　养护工程设计变更分为一般设计变更和较大设计变更。有下列情形之一的属于较大设计变更：

（一）任何养护单项工程技术方案发生变化，变更费用增减总额超过500万元（包括500万元）的；或需要调增已批准施工图预算的。

（二）养护单项工程技术复杂或对结构安全影响较大的。

**第二十一条**　较大设计变更由各设区市交通局、省高管局初审后报省交通运输厅批准后实施；一般设计变更由各设区市交通局、省高管局负责审查，并负责对高速公路养护工程设计变更的实施进行管理。

申请养护工程设计变更，需提交以下材料：

（一）设计变更申请表（内容应包括工程名称、设计变更工程名称、位置、费用、论证结论等，相关各方面签署的意见）；

（二）设计变更说明（主要阐述设计变更提出过程、变更理由和论证材料）；

（三）原设计相应图纸及设计变更的勘察设计图纸；

（四）工程量、费用变化对照清单、计算书和预算文件。

**第二十二条**　进行养护工程施工和养护作业时，必须按照《公路养护安全作业规程》的规定，设置施工安全标志，保障养护人员和行车的安全。

**第二十三条**　因养护工程施工需要封闭车道或改变交通流向时，高速公路养护管理单位应当组织编制交通组织设计和应急疏导预案，做好施工路段的保安全、保畅通工作。

**第二十四条**　高速公路大、中修及局部改建工程应当实行全过程公开，建立健全养护发展规划、养护计划公开，可研报告审查公开，招标过程公开，施工现场交通组织公开，施工过程管理公开，设计变更管理公开，质量监督公开，资金使用公开，竣（交）工验收公开，从业信息公开等“十公开”长效机制。

## 第五章　应急保障

**第二十五条**　高速公路养护管理应当具备必要的应急保障能力，成立应急保障指挥机构，制订科学、合理、可行的高速公路应急抢险修复方案，建立应急抢险工作队伍，储备必要的应急物资装备，做好培训和演习，检验并提高应急准备、指挥和响应能力。

高速公路养护管理认真执行24小时值班和信息预警发布等管理制度，当出现自然灾害或者突发事件造成高速公路设施损坏、通行受阻等紧急情况时，迅速启动应急预案，确保反应迅速、调度及时、保障有力。

**第二十六条**　高速公路养护管理单位应做好特殊天气情况下防汛、除雪等工作。

（一）汛期，应加强与气象部门的联系，加大对重点部位的巡查力度，发现隐患及时排除，发生水毁及时抢修。

（二）认真做好除雪防滑工作，保证雪停后24小时至少双向四车道积雪清除完毕，基本恢复正常运营条件；雪停后48小时，路面行车道及硬路肩积雪清除完毕。

## 第六章　责任追究

**第二十七条**　各级高速公路管理单位，应加强对高速公路路况和养护管理规范化工作的检查督导。

**第二十八条**　养护工作不及时、不到位，对高速公路安全畅通造成严重影响的单位，由省交通运输厅依据《中华人民共和国收费公路管理条例》相关规定进行处理；对有关责任人依据有关法规和干部管理的相关规定追究责任。

**第二十九条**　对挪用养护资金，或因管理不善造成资金浪费或工程质量有严重缺陷的，由省交通运输厅按照《财务违法行为处罚处分条例》等相关规定进行处理。对因养护资金安排不足，未能落实有关部门批准的养护工程规模和技术标准，致使路况不能达到规定水平的高速公路养护管理单位，由省交通运输厅根据《收费公路管理条例》相关规定进行处理。

## 第七章　附　　则

**第三十条**　日常养护是对高速公路及其沿线设施进行日常巡视检查、小修保养、技术状况检测与评定等，以保持高速公路处于良好的技术状况。

**第三十一条**　中修工程是对高速公路及其沿线设施的一般性损坏部分进行定期的修理加固，以恢复高速公路原有技术状况的工程。

**第三十二条**　大修工程是对高速公路及其沿线设施的较大损坏进行周期性的综合修理，以全面恢复到原技术标准的工程项目。

**第三十三条**　局部改建工程是对高速公路及其沿线设施因不适应现有交通量增长和荷载需要而进行局部改造，显著提高其通行能力的较大工程项目。

**第三十四条**　本办法自2012年7月1日起施行，有效期五年。

# 附件：

## 高速公路养护工作内容分类参考表

| 工程项目 | 日常养护 | 中修工程(机电专项工程) | 大修工程 | 局部改建工程 |
| --- | --- | --- | --- | --- |
| 路基 | (1)整修路肩、边坡,修剪路肩、分隔带草木,清除挡墙、护坡、护栏、集水井或泄水槽内杂物,保持路容整洁。<br>(2)疏通边沟,保持排水系统畅通。<br>(3)路缘带的修理。<br>(4)小段开挖边沟、截水沟或分期铺砌边沟。<br>(5)清除零星塌方,填补路基缺口,轻微沉陷翻浆的处理。<br>(6)修理挡土墙、护坡、护坡道、泄水槽、护栏。<br>(7)局部加固路肩 | (1)全面修理、重建或增建挡土墙、护坡、护坡道、泄水槽及铺砌边沟等。<br>(2)清除较大塌方,大面积翻浆、沉陷处理。<br>(3)整段开挖边沟、截水沟或铺砌边沟。<br>(4)局部软土地基、积水路面处理。<br>(5)整段加固路肩 | (1)整段地基处理。<br>(2)整段线形改善 | 整段加宽路基 |
| 路面 | (1)日常巡查和定期技术状况评定。<br>(2)清除路面杂物,保持路面清洁。<br>(3)排除路面积水、积雪、积冰,铺防滑、防冻材料,路面夏季洒水降温。<br>(4)沥青路面修补坑槽、裂缝等病害。<br>(5)水泥混凝土路面的局部修理。<br>(6)养护设备日常维修保养。<br>(7)日常养护内业、图表、档案管理等 | (1)沥青路面整段罩面。<br>(2)处理路面严重病害。<br>(3)水泥混凝土路面接缝材料的整段更换。<br>(4)整段处理桥头跳车。<br>(5)整段安装、更换路缘石。<br>(6)局部路段沥青路面改造为水泥混凝土路面。<br>(7)局部路段水泥混凝土路面改造为沥青路面 | 整段结构层改善工程 | 整段加宽路面 |
| 桥涵隧道及交叉工程 | (1)桥涵的巡查及定期检查、技术状况评定。<br>(2)清除淤泥、积雪、杂物、保持桥面清洁。<br>(3)疏通涵管,疏导桥下河槽。<br>(4)伸缩缝养护,泄水孔疏通,钢支座加润滑油,栏杆油漆。<br>(5)局部修理、更换桥栏杆和修理泄水孔、伸缩缝、支座和桥面的局部轻微损坏。<br>(6)修补墩、台及河床铺底和防护圬工的微小损坏。<br>(7)涵洞进出口铺砌的加固修理。<br>(8)通道的局部维修和疏通修理排水沟。<br>(9)清除隧道洞口碎落石和修理圬工接缝,处理渗漏水 | (1)更换伸缩缝及支座。<br>(2)桥墩、桥台及隧道工程局部修理、防护、加固。<br>(3)桥面铺装病害处治。<br>(4)桥梁河床铺底及调治构造物的修复。<br>(5)排水设施整段修理或更新。<br>(6)承载能力检测。<br>(7)金属构件全面除锈、油漆。<br>(8)通道的修理、加固与局部改建。<br>(9)隧道的通风、照明和排水设施的全面整修或更新 | (1)桥梁整桥拆除重建。<br>(2)隧道的较大防护、加固工程 | (1)改建、增建互通式立交。<br>(2)新建隧道工程 |

续上表

| 工程项目 | 日常养护 | 中修工程(机电专项工程) | 大修工程 | 局部改建工程 |
|---|---|---|---|---|
| 沿线设施 | (1)标志牌、里程牌、百米牌、轮廓标、护栏等定期清洗或维修。<br>(2)路面标线的局部补划。<br>(3)机电工程日常维护。<br>(4)机电工程强制性检测,备品备件。<br>(5)机电系统的局部损坏进行修理、更新和完善工作,费用在50万元以下的单项工程。<br>(6)养护房建设施日常维护 | (1)整段新设或更换里程牌、百米牌、轮廓标等。<br>(2)整段更新护栏、隔离栅等。<br>(3)整段路面标线的划设。<br>(4)整段更新标志牌面板。<br>(5)机电系统设施大规模维修,费用50万元以上的单项工程 | (1)桥梁整桥拆除重建。<br>(2)隧道的较大防护、加固工程 | (1)改建、增建互通式立交。<br>(2)新建隧道工程 |
| 绿化 | 路树花草的培育管理和补植 | (1)开辟苗圃。<br>(2)更新树种、花木、草皮。<br>(3)增设公路绿色小品和公路雕塑 | | |

主题词:印发　高速公路　养护　办法　通知

河北省交通运输厅办公室　　2012年6月20日印发

(共印20份)

**附录D**

# 河北省交通运输厅公路管理局

冀交公路〔2010〕552号

## 关于印发《河北省普通干线公路养护大中修工程管理办法》的通知

各设区市交通运输局：

为进一步提高全省普通干线公路大中修工程管理水平，经研究制定了《河北省普通干线公路养护大中修工程管理办法》。现印发给你们，望认真遵照执行。

附：《河北省普通干线公路养护大中修工程管理办法》

二〇一〇年十二月二十七日

主题词：印发　公路　养护　工程　办法　通知

# 河北省普通干线公路养护大中修工程管理办法

## 第一章　总　　则

**第一条**　为进一步加强普通干线公路养护大中修工程管理，提高养护大中修工程质量和投资效益，根据《中华人民共和国公路法》、《公路养护工程管理办法》（交公路发〔2001〕327 号）、《公路技术状况评定标准》等法律、法规，结合我省实际，制定本办法。

**第二条**　本办法适用于我省普通干线公路养护大中修工程管理。

**第三条**　普通干线公路养护大修工程是指对公路及其沿线设施的较大损坏进行周期性的综合修理，以全面恢复到原设计标准的工程；中修工程是指对公路及其沿线设施一般性损坏进行定期的修理加固，以恢复公路原有技术状况的工程。

**第四条**　省厅公路管理局在省交通运输厅领导下，负责全省普通干线公路养护大中修工程的行业管理和监督；负责贯彻执行普通干线公路养护大中修工程管理有关政策、标准和规范；负责对全省普通干线公路养护大中修工程计划、工程质量、工程进度、交通组织和竣（交）工验收等进行管理。

**第五条**　设区市交通运输局负责普通干线公路养护大中修计划执行和工程实施的管理工作，具体工作可委托市级公路管理机构执行。

## 第二章　前 期 管 理

**第六条**　各设区市交通运输局按照交通部《公路技术状况评定标准》对辖区内普通干线公路技术状况进行评定，并根据路况评定结果和有关规划，结合部省重点工作任务、自然灾害影响等因素，编制本辖区普通干线公路的养护大中修工程项目可行性研究报告，报送省厅公路管理局审批。

**第七条**　工程可行性研究阶段，应参照交通部《公路项目安全性评价指南》进行运营阶段的安全状况调查和评价，并在《工程可行性研究报告》中设“运营阶段安全性调查与评价”章节。

**第八条**　工程可行性研究报告批准后，设区市交通运输局应及时组织或委托市级公路管理机构组织具有相应资质的勘察设计单位进行养护大中修工程的勘察设计工作。

**第九条**　施工图设计文件依据省厅公路管理局批复的工程可行性研究报告及部颁《公路工程基本建设项目设计文件编制办法》等进行编制，并应符合公路工程建设相关的法律、法规、规范等要求。

**第十条**　设计前应进一步对各种病害产生的原因、机理和变化规律进行调查分析，确定科学合理的技术方案。设计中应贯彻安全理念，解决运营阶段的安全问题，落实安保工程，应合理选用新技术、新材料、新工艺，实现节能减排。

**第十一条**　各设区市交通运输局在施工图设计文件编制完成后报省厅公路管理局审批。

## 第三章　设计变更

**第十二条**　公路养护大中修工程设计变更分为重大设计变更、较大设计变更和一般设计变更。重大设计变更是指中修变更大修或大修变更中修的设计变更；较大设计变更是指单项工程费用增减超过预算投资额3%且金额大于20万元的设计变更；一般设计变更是指除重大设计变更和较大设计变更以外的其他设计变更。

**第十三条**　重大、较大设计变更需经省厅公路管理局审批，未经审查批准的设计变更不得实施。经批准的设计变更一般不得再次变更。任何单位或者个人不得违反规定擅自变更已经批准的施工图设计文件，不得肢解设计变更规避审批。

**第十四条**　一般设计变更由设区市交通运输局或委托的公路管理机构负责进行审查，并应当加强对公路工程设计变更实施的管理。

**第十五条**　公路工程勘察设计、施工及监理等单位可以向项目法人提出公路工程设计变更的建议，设计变更的建议应当以书面形式提出，并应当注明变更理由。项目法人也可以直接提出设计变更的建议。

**第十六条**　设区市交通运输局或委托的公路管理机构对设计变更的建议及理由进行审查核实。必要时，可以组织勘察设计、施工、监理等单位及有关专家对设计变更建议进行经济、技术论证。

**第十七条**　对一般设计变更建议，由设区市交通运输局或委托的公路管理机构根据审查核实情况或者论证结果决定是否予以实施。

**第十八条**　对于重大设计变更，由设区市交通运输局向省厅公路管理局先提出工可变更申请，待工可批复后，再提出施工图变更申请；对较大设计变更，由设区市交通运输局可直接向省厅公路管理局提出施工图设计变更申请。

**第十九条**　经过审查批准的养护大中修工程设计变更，其费用变化纳入决算。

## 第四章　计划管理

**第二十条**　省厅公路管理局对公路养护大中修施工图批复结果汇总，向省交通运输厅提出建议计划。

**第二十一条**　各有关单位应严格执行省交通运输厅、省财政厅联合下达的普通干线公路养护大中修工程年度计划，无特殊原因，当年计划当年完成。

**第二十二条**　养护大中修工程资金要做到专款专用，不得挪用挤占。

## 第五章　工程管理

**第二十三条**　养护大中修工程实行招投标制度、工程监理制度和合同管理制度。

**第二十四条**　设区市交通运输局负责本辖区养护大中修工程的招投标管理工作，具体工作可委托市级公路管理机构负责。

**第二十五条** 投标单位必须具有相应的养护工程资质。

**第二十六条** 养护大中修工程施工实行开工报告制度。具备开工条件的工程项目，应由施工单位填写开工报告，经监理审核报项目法人批准后方可开工。

**第二十七条** 项目法人在工程开工前，要组织有关单位做好技术交底，设计单位要明确设计代表，及时解决施工中的技术问题。

**第二十八条** 养护大中修工程实行工程监理制度。监理单位由项目法人制定并与监理单位签订承包合同。监理单位根据《公路工程施工监理规范》进行工作，并配备能够满足工程有效监管需要的监理人员。

**第二十九条** 施工期间应加强现场管理工作，做好施工路段交通组织工作，需断交施工的按省厅有关规定办理断交审批手续。

**第三十条** 施工现场应符合部颁《公路养护作业安全规程》和省厅有关规定，建立安全生产管理机构和安全生产制度，科学设置交通标志，杜绝安全责任事故的发生。

**第三十一条** 施工单位要推行全面质量管理，完善质量保证体系，制定和完善岗位质量规范、质量责任及考核办法，严格工序交接，做好试验记录、原始记录和自检记录，隐蔽工程要留存声像资料。

**第三十二条** 工程完竣工后，项目法人要及时组织施工单位、监理单位按部颁《公路工程竣工文件材料立卷归档管理办法》（交办发〔2001〕390 号）编写竣工文件。

**第三十三条** 大修工程完工后，由项目法人组织交工验收。交工验收 1 年后由市交通运输局向省厅公路管理局提出竣工验收申请，省厅公路管理局负责组织验收或委托设区市交通运输局验收。中修工程交竣工验收在工程完工当年由设区市交通运输局组织合并实施。

**第三十四条** 对养护大中修工程质量不合格、工程实施标准未按计划执行的，按有关规定追究相关单位和人员的责任，并限期整改。

## 第六章 附 则

**第三十五条** 本办法由河北省交通运输厅公路管理局负责解释。

**第三十六条** 本办法自发布之日起实行。